牛頓所認為的「時間」與「空間」

「對任何人來說，時間進程和空間長度都是一樣的」

「**時**間」究竟是什麼？「空間」又是什麼？

1687年，有一本影響後來科學家的時間觀和空間觀頗鉅的書籍出版了，這就是英國的物理學家牛頓（Isaac Newton，1642～1727）所寫的《自然哲學之數學原理》（Philosophiae Naturalis Principia Mathematica）。牛頓在書中主張「絕對時間」和「絕對空間」的概念。

所謂絕對時間，意思是「不受任何事物的影響，在所有的場所皆以一定的進度（一個單位接著一個單位推進的程度）流動的時間」。簡單地說，就是不管把時鐘放在宇宙的任何場所，時針轉動的進度不管在何時何地都是一樣的。另一方面，所謂絕對空間，意思是「不受任何事物的影響，隨時保持靜止的空間」。

絕對時間和絕對空間這樣的想法直到愛因斯坦的相對論出現才受到否定。詳細情形將在20頁以後介紹。我們將在下一頁介紹時間與長度（在空間的距離）的「單位」。

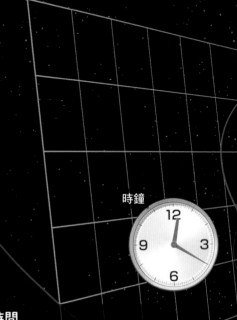

時鐘

絕對時間

由於絕對時間的想法認為：「不受任何事物影響，時間在所有的場所皆以一定的進度推動」，因此繪出在太陽系各處皆以相同速度轉動的時針。也就是說，在太陽系的任何地方，「1秒」、「1分」、「1小時」的時間長度都一樣。

空間軸

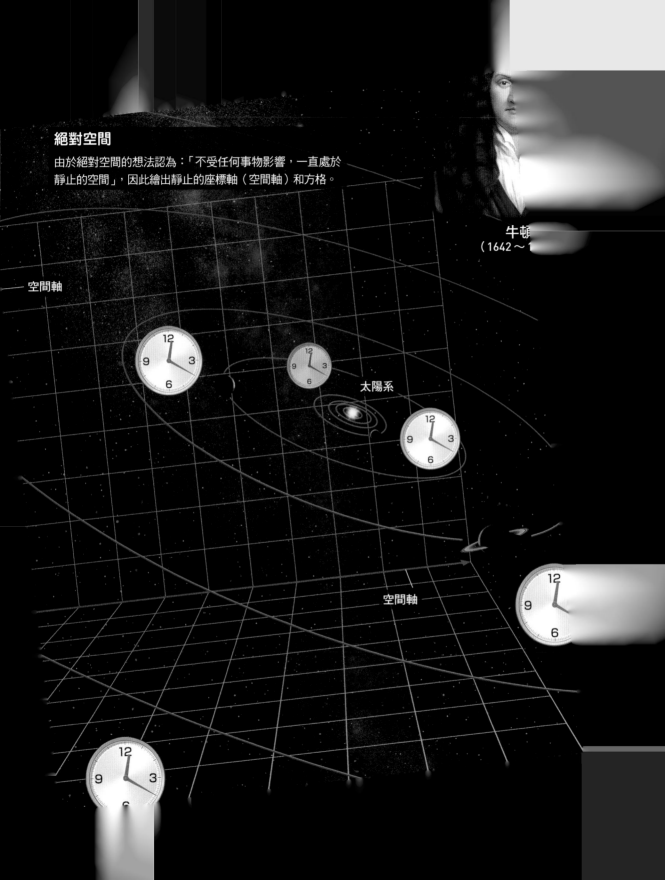

絕對空間

由於絕對空間的想法認為：「不受任何事物影響，一直處於
靜止的空間」，因此繪出靜止的座標軸（空間軸）和方格。

牛頓
（1642～1

空間軸

太陽系

空間軸

「1秒」是如何定義的呢？

以前是以地球自轉、鐘擺擺動為基準

在物理學上，時間長度的基本單位為「秒」。然而，「1秒」是如何定義的呢？

在1955年之前，以 1 日為基準，將 1 日的 8 萬6400分之 1 訂為「1秒」。1 日的長度是「太陽來到中天位置（高度最高）之時刻的間隔」，但是地球的自轉速度會逐漸變慢。例如，據研究表示 5 億年前的 1 日，大約只有21小時而已。換句話說，以地球自轉作為時間的基準並不適當。

想要正確測定時間，必須利用某種

以前 1 秒的定義是根據太陽的運行

中天　太陽來到中天最高位置時的瞬間。以中天的間隔為 1 日。

太陽

曾「周而復始的現象」。例如以前人所使用的「擺鐘」，利用的就是鐘擺左右擺動的時間間隔一定。現代的石英鐘，利用的是施加電壓於「石英晶體」（quartz crystal）上時所產生的振盪時間間隔一定的原理。

只要規定每經過這些「重複之時間間隔」的多少倍鐘錶的指針移動一次，即可正確計時。

鐘擺往左右擺動的時間間隔（週期）由擺長決定。

鐘擺

鐘擺往左右擺動的時間間隔一定

振盪　　　　振盪

石英晶體諧振器

簡稱石英晶體（quartz crsytal unit）由石英製成之特殊形狀的零件，施加電壓時，晶體形狀會以一定的時間間隔振盪（來回變化）。

利用石英晶體會以一定的時間間隔（週期）振盪之性質的手錶。石英的種類很多，無色全透明的石英稱為水晶。

現在所定義正確的「1秒」

以特定光之振盪週期為基準

現在 1 秒的定義為「某特定光之振盪週期的91億9263萬1770倍」。

由於光（電磁波）的振盪週期能夠測量得極為準確，因此只要決定是振盪週期的多少倍，就能定義 1 秒（會出現上述這種不規則的數字是為了配合以前定義 1 秒的邏輯）。現在，時間的單位是以「光」為基準。

現在用來定義 1 秒之特定的光為銫（^{133}Cs）原子吸收、放出的光。銫原子吸收、放出的光並非可見光，而是一種電磁波——無線電波。

事實上，決定以光為基準作為時間單位，這件事在理解時空的過程中暗示著光扮演著重要的角色。在下一頁，我們將介紹長度的定義。

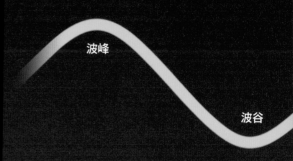

波峰

波谷

何謂波的「振盪」？

波在往某方向前進時，若仔細注視波的一點，即可看見它會上下振盪。波的振盪週期（簡稱為「週期」）係指各點上下振盪往返（1 週期）所需的時間。例如測量浮在水面上的球上下往返（1 週期）所需的時間，即可得知水面波的振盪週期。

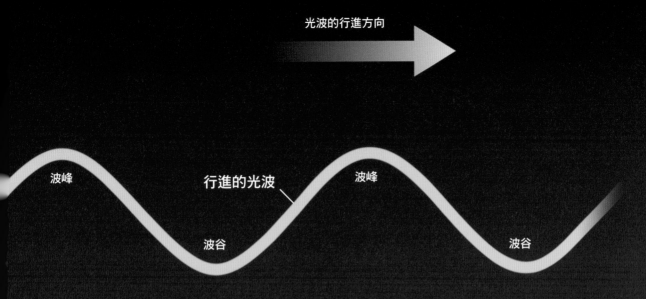

光波的行進方向

波峰　　　　　　行進的光波　　　　波峰

波谷　　　　　　　　　　　　波谷

「銫（¹³³Cs）原子吸收、放出之特定「光」※的振盪週期的91億9263萬1770倍」
為 1 秒→1 秒間通過某場所的波峰數為91億9263萬1770個

※：一般而言，原子之吸收、放出「光」的振盪週期是固定的，不會吸收、放出其他週期的光。

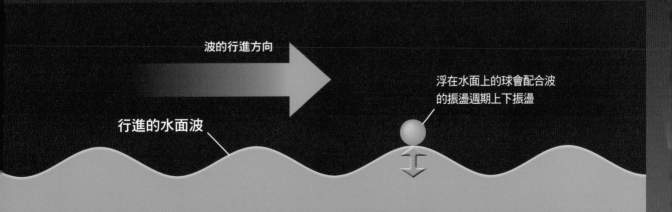

波的行進方向

浮在水面上的球會配合波
的振盪週期上下振盪

行進的水面波

「1公尺」是如何定義的呢？

以前是以從北極到赤道的長度為基準

接下來讓我們想想「長度」（在空間中的距離）相關的問題。物理學上一般最常用的長度基本單位為「公尺」（m）。然而，公尺是如何定義出來的呢？

　在古時候，因為國家和地區的不同，而有各式各樣的長度單位。不過，其中似乎有多數是以人體的一部分（例如：從肘部到指尖的長度等）為基準。到了近代，有感於如果單位不統一的話會帶來諸多不便，因此採取「全世界使用統一的長度單位」的行動。

　其中，有人提議使用「公尺」這個單位。公尺的英語為「meter」，字源是拉丁語中有「測量」之意的「metrum」。18世紀末的法國，最初提議的公尺定義是「沿地球的經線，從北極到赤道之長度的1000萬分之1（地球1周的4000萬分之1）」。

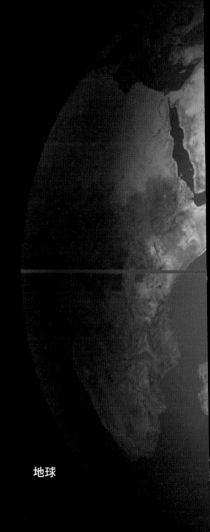

地球

北極

$$\frac{1}{10,000,000}$$

赤道

公尺的最初定義

從北極到赤道長度的1000萬分之 1
是 1 公尺。實際上是測量從法國北部
的敦克爾克（Dunkirk）到西班牙巴
塞隆納（Barcelona）的距離（緯度
約10度的差），然後再估計出北極到
赤道的距離。

現在所定義正確的「1公尺」

光速成為「量尺」

1889年，在第一屆國際度量衡大會中決議，以「刻畫於鉑（白金）合金製之『國際公尺原器』兩端的線間長度（在0℃時）當作1公尺」。

但是這樣的定義還是有問題，舉例來說，也許公尺原器在操作的過程中會出現些微變形等等。因此，現在的1公尺定義是「真空中（沒有空氣等物質存在的空間），光1秒間所行進距離的2億9979萬2458分之1」（會出現這種不規則的數字是為了配合以前定義1公尺的邏輯）。長度單位也是以「光」為基準。

正如光出現在1秒與1公尺的定義所暗示的，在理解時空方面，光扮演著重要的角色。各位請將此事留意在心。

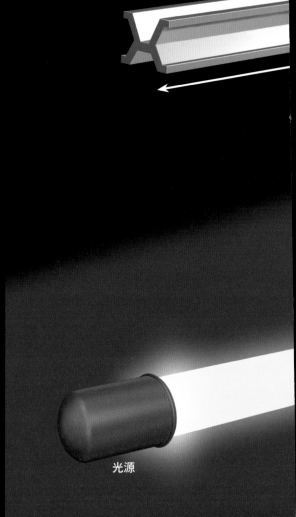

光源

刻印

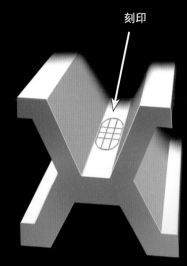

國際公尺原器

由鉑 90%、銥 10%的合金製成，兩端有 3 條線中央
有兩條線的刻印，其間的距離為 1 公尺

現在 1 公尺的定義是光在 1 秒間所行進之距離的 2 億 9979 萬 2458 分之 1

光速為秒速約30萬公里（正確地說應為秒速29萬9792.458公里）

光

$$\frac{1}{299{,}792{,}458}$$

時間和空間是相似？
還是相異？

在空間內可以自由行動，但是時間卻無法任意回到過去或未來

有 2 人，若想要知道他們所目擊的交通事故是否同一件，至少需要哪些資訊呢？若只是「某市某區的某路與某路的十字路口」這樣的地點資訊，很有可能會是同一路口、不同時段發生的兩件意外事故。若要判斷 2 人所目擊的意外事故真的是同一件，那麼在事故發生的「場所（在空間中的位置）」之外，還要加上「時刻」的資訊。

不限於交通意外事故，不管發生任何事件，與空間、時間相關的資訊必須成組提供，才能正確指定對象和內容。因此在物理學中，大多同時考量空間座標與時刻。

另一方面，空間和時間也有很大的差異性。在空間內可自由移動，然而時間卻無法自由地「移動」到過去或未來。此外，時間也無法像空間一樣，可以往上下、左右躲閃。時間就像一條單行道，只能從過去流向未來。

在空間內，
可以後退。

可在空間內自由行動

時間像河流一般，是條單行道

時間既無法「後退」，
也無法「閃避一旁」。

在空間內，也可以
閃避到旁邊。

何謂「3維空間」?
要指定出空間內的位置,需要三個數字

相信許多人都聽過「3度空間」這樣的話,所謂「3度」是3個維度的意思。那麼,所謂「3維度」究竟是什麼意思?

欲指定飛機位置時,需要有哪些資訊呢?只要有經度、緯度和高度(若是地球上之物體的話,就是標高)這三個資訊,就能正確指定出位置。若欲指定房間中的書本位置時,又該如何呢?若取房間之一隅為「原點」,藉由表示縱(x座標)、橫(y座標)、高(z座標)的三個數字,即可

飛機的位置可利用緯度、經度和高度三者指定位置

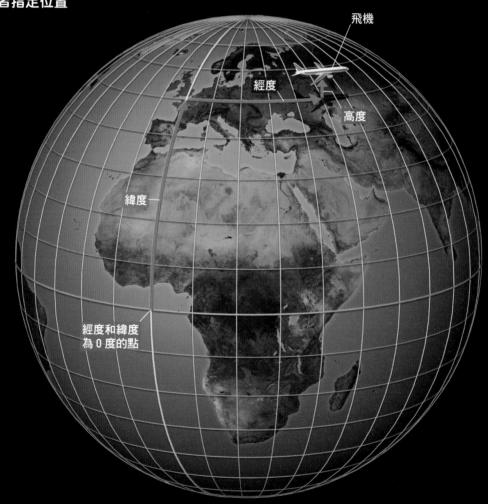

飛機

經度

高度

緯度

經度和緯度
為0度的點

指定位置。

　　所謂維度可以說是「標定事物時所需的資訊數」。因此我們可以了解不管是「經度、緯度、高度」，或是「縱、橫、高」，在標定空間內的位置時，需要三個數是不變的。換言之，要標定空間中的位置，不管任何場合都需要「三個數」，光是一個或二個數是不夠的，但是也不需要用到四個數，這就是稱為「3 維度空間」的原因。

房間中的位置亦可利用 x、y、z 三個座標的值指定出來

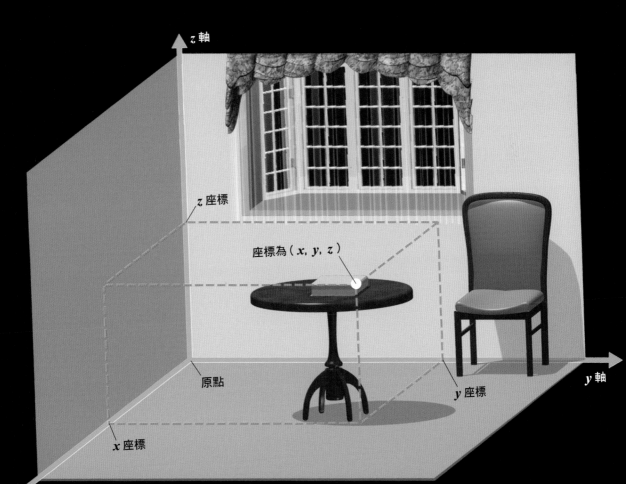

z 軸

z 座標

座標為 (x, y, z)

原點

y 座標

y 軸

x 座標

x 軸

時間是
幾個維度？
時刻可用「一個數」表示

那 麼，時間又是幾維度呢？我們在表示時間時，會組合年、月、日、時、分、秒等各種單位來使用，就像是「運動會在2021年10月10日上午10時 0 分 0 秒開始」。

但是某事件發生的時刻可以只用一個數字指定出來。決定適當的基準時刻（時刻 0 秒），只要以距離該時點的秒數來表示即可。例如「1 日後」可以換說成「8 萬6400秒後」（24小時×60分×60秒）。

換言之，時間的維度可說是「1」。

時刻 t = 2 萬 1600 秒
（6 小時後）

時間軸（t 軸）

時間為1個維度

時刻 t = 0 秒
（原點）

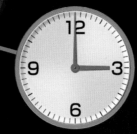

0 時

時刻 t = 1 萬 800 秒
（3 小時後）

3 時

6 時

以一個圖來表示時間與空間

將時間視為空間的 1 個方向來處理

時 間和空間有切也切不斷的關係。展現該關係的一個例子就是「時間和空間具有成為一體伸縮的性質」，不過光是這麼說，相信大家一定不太容易明白。但是如果瞭解愛因斯坦的相對論的話，應該就能夠理解它的意思。

在相對論中，將時間視為空間的1個方向來處理。左頁插圖是根據經過的時間順序，將太陽和地球的快照（snapshot）由下往上排列。由於地

根據時間的經過，
將照片依序縱向排列，則……

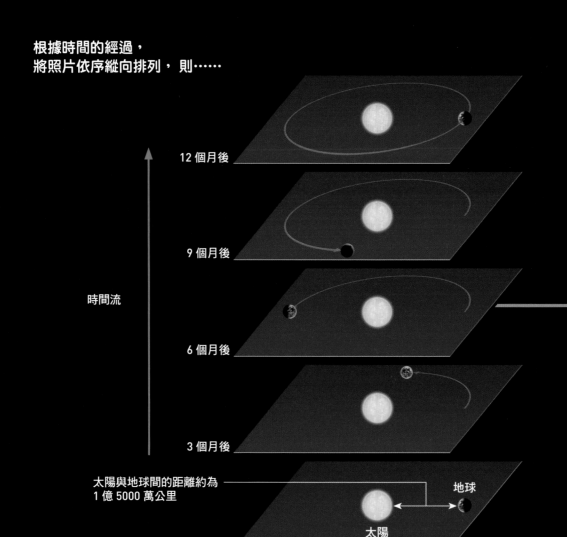

時間流

12 個月後

9 個月後

6 個月後

3 個月後

太陽與地球間的距離約為
1 億 5000 萬公里

地球

太陽

球繞著太陽公轉，因此地球會逐漸移動。而將這樣的快照沿著時間流毫無間隙地縱向排列的就是右頁插圖。右頁的縱軸為時間軸，好像將時間處理成空間的高度一般，像這樣的圖稱為「時空圖」。

時空圖可以說是以一個圖形來表現歷史的圖。以空間圖這樣的觀點看世界，就是相對論的時間觀暨空間觀。從下一頁開始，終於要介紹相對論的世界了，讓我們一起進入吧！

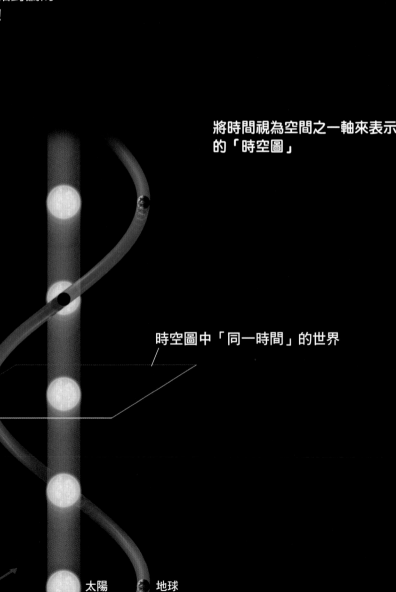

將時間視為空間之一軸來表示的「時空圖」

時間軸（上為未來、下為過去）

對應

時空圖中「同一時間」的世界

空間軸

太陽　地球

時間與空間都是會伸縮的！

「時間進程和空間長度因觀察者的立場而異」

在 20～23頁中，我們將介紹愛因斯坦（Albert Einstein，1879～1955）於1905年發表之「狹義相對論」（special theory of relativity）的內容摘要。

一直到20世紀初葉，大家都相信牛頓「絕對時間」和「絕對空間」的想法（第 2 頁），也就是「對任何人而言，1 秒就是 1 秒；1 公尺就是 1 公尺」。而愛因斯坦將這個「常識性想法」從根本上整個推翻了。

愛因斯坦指出：時間的前進方式及物體、空間的長度（距離）會因為觀察者立場而改變。換句話說，時間和空間並不像牛頓所想是絕對的，而是一種相對的東西（根據觀察者立場而異）。例如，愛麗絲站在太空船外面，她的馬表的 1 秒跟在太空船內鮑伯的馬表的 1 秒相較，在沒有故障的情況下，竟然獲得兩者不一致的結果。

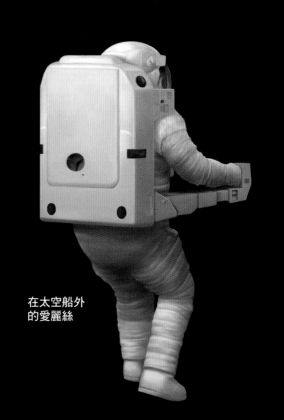

在太空船外的愛麗絲

會伸縮的時間和空間

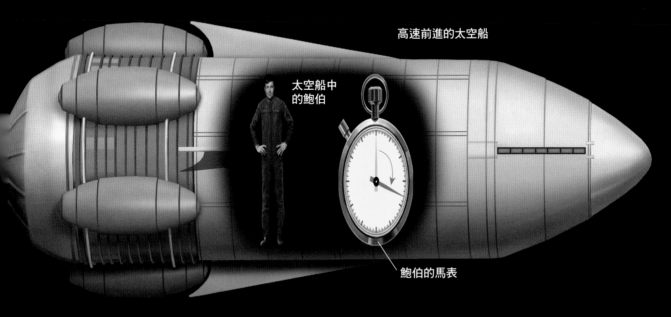

高速前進的太空船

太空船中
的鮑伯

鮑伯的馬表

● 從愛麗絲的立場來看,鮑伯的馬表變慢了。

● 從愛麗絲的立場來看,包括鮑伯身體在內的太
空船內的所有物體長度都往行進方向※縮短。

※:與行進方向垂直的方向(插圖中的縱向)不會收縮。因此如果是圓
　　形物體的話,就會變成橢圓形。

愛麗絲的馬表

與空間會一起
！

住的世界是「４維時空」

根 據狹義相對論，時
會伸縮的，且不是
而是兩者一起伸縮。

例如，鮑伯主張是１
就愛麗絲的立場來看，
尺，而這時愛麗絲所見
表，行進速度也一定是變

總之，自從狹義相對
後，連動伸縮的時間和
為一體，而被稱為「時

間的伸縮是連動的

time）」或是「時空連續體（space-time continuum）」。我們所居住的世界可說是由三個空間維度和一個時間維度所構成的「4 維時空」（four-dimensional spacetime）。

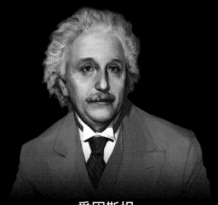

愛因斯坦
（1879～1955）

當時間流變慢時，空間（長度）也收縮。

🪐 再更詳細一點！

愛因斯坦是什麼樣的人物？

愛因斯坦是出生於德國烏爾姆（Ulm）的德裔猶太人。自瑞士聯邦理工大學畢業後，就在瑞士伯恩的專利局任職。

1905年，身為專利局職員的愛因斯坦除了發表「狹義相對論」外，還陸續發表「光量子假說」等對後來物理學發展貢獻厥偉的重要論文。因此，1905年被稱為「奇蹟年」（Einstein's annus mirabilis）。

他在1915年到1916年間，發表將狹義相對論進一步發展而成為時空與重力理論的「廣義相對論」。1933年，因為德國的納粹政府大舉迫害猶太人，愛因斯坦亡命逃到美國，最後成為普林斯頓高等研究院的教授。晚年提出廢除核武等主張，積極參與和平運動。

汽車的速度是
時速多少公里？

從宇宙空間來看，汽車以
不同的速度行進

若 再稍微具體地說明「時間與空間的伸縮」的話，我們可以說：「時間和空間會應速度而發生伸縮」。所謂速度就是：「移動距離÷移動所需時間」。換言之，也可以說：「速度是『空間長度』和『時間長度』相除所得到的結果」。

前面第2頁所介紹牛頓絕對空間的想法可以說是：「在宇宙的某處，應有真正靜止的『運動之絕對性基準』存在」。但是這樣的基準真的存在

速度為「距離÷時間」

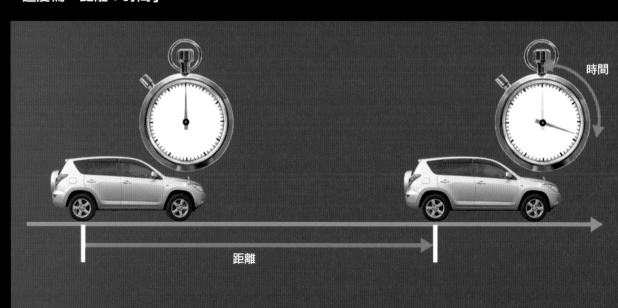

時間

距離

嗎？

讓我們思考這個問題：在赤道上，有一部時速100公里的汽車由西向東前進。此時，我們一定很自然就假設：「從在地面上靜止不動之人的立場來看，汽車的時速為100公里」。但是地球不斷地自轉著。赤道上的自轉速度由西往東約為時速1670公里。從不受地球自轉影響的宇宙空間來看，汽車是以1770公里（＝100＋1670）的時速由西向東運動著。

速度因觀察者的立場而異

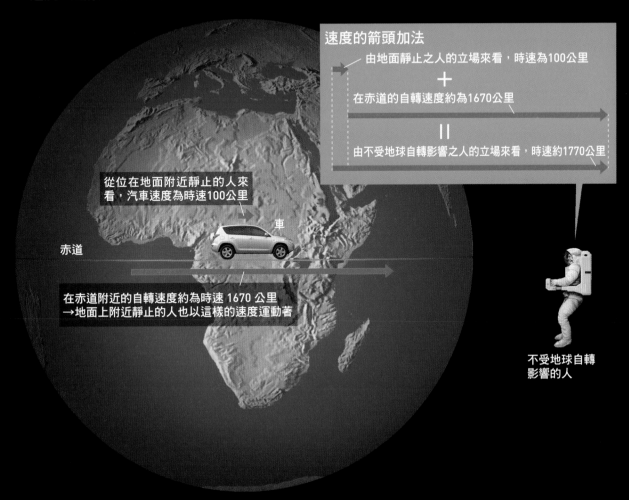

速度的箭頭加法

由地面靜止之人的立場來看，時速為100公里

＋

在赤道的自轉速度約為1670公里

＝

由不受地球自轉影響之人的立場來看，時速約1770公里

從位在地面附近靜止的人來看，汽車速度為時速100公里

赤道

車

在赤道附近的自轉速度約為時速 1670 公里
→地面上附近靜止的人也以這樣的速度運動著

不受地球自轉
影響的人

光速恆久不變！

物體的速度會因觀察者的立場而改變

在宇宙中沒有真正靜止的物體！

第25頁中所提到車子的時速1770公里，事實上也不是汽車的「真正速度」。地球大約以每小時10萬7000公里的速度繞著太陽公轉。再者，包括地球在內的太陽系，以大約2億年的週期在銀河系中繞行。銀河系也不是在宇宙中靜止不動的，它與仙女座星系等周圍附近的星系成相對運動，而包括銀河系及仙女座星系在內的「本星系群」（Local Group）整體也跟其他的星系團（星系的大集團）成相對運動。

這麼一想，宇宙中似乎沒有真正靜止，也就是「運動的絕對性基準」存在。實際上，愛因斯坦否定有運動的絕對性基準存在，也就是他否定了牛頓絕對空間的想法。因為沒有絕對性的基準，所以也就無法得出物體的「絕對速度」（由絕對性基準所見到的速度）。結果，物體的速度便會因觀察者立場的不同而改變（相對性的）。

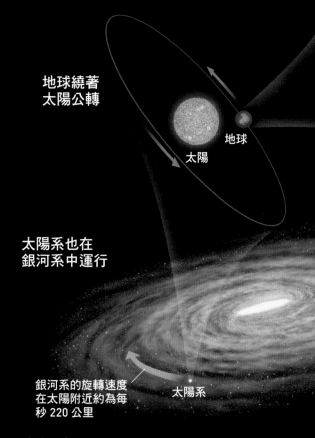

地球繞著
太陽公轉

太陽

地球

太陽系也在
銀河系中運行

銀河系的旋轉速度
在太陽附近約為每
秒 220 公里

太陽系

銀河系

「銀河系」（Milky Way）是指太陽系所屬的星系，這裡大約有1000億～數千億顆像太陽般會

速度因觀察者的立場而異

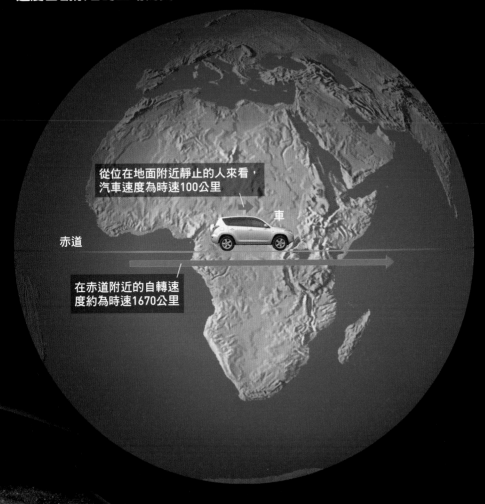

從位在地面附近靜止的人來看，
汽車速度為時速100公里

車

赤道

在赤道附近的自轉速
度約為時速1670公里

銀河系也在運動

銀河系

M33 星系

仙女座星系

本星系群

所謂本星系群是以我們居住的銀河系為
主要星系，直徑擴展約達600萬光年，
由50個以上的星系所組成。

星系團

以與光相同的速度追趕光，結果為何？

難以想像會有靜止的光存在

據說愛因斯坦在16歲左右的時候，腦中浮出「若以與光相同的速度追趕光，光看起來會是靜止的嗎？」的疑問。該疑問與後來相對論的誕生有極為密切的關係。也許大家會想：「光看起來是靜止的有什麼不對」，但是就物理學而言，靜止的光是非常奇妙的，為什麼呢？

光（電磁波）具有波的性質。某位置的光振動（正確來說是「電場與磁場的振動」）立即會引發相鄰位置的振動，再者該振動又會引發其相鄰位置的振動。因為這樣的連鎖反應，光波往前推進。所謂靜止的光，亦即沒有振動的光，就物理學而言，很難想像有這樣的光存在。

所謂波就是「振動的連鎖反應」

手持繩子的一端使之上下振動，即會產生往前方行進的波。請將目光放在繩上的 1 點，會發現其反覆的上下振動。該點的振動會立即引起相鄰點的振動，然後相鄰點又引發其相鄰點的振動……，這樣的「振動連鎖反應」使波向前推進。

繩子的各部分
上下振動

波的行進方向

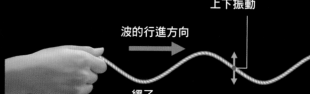

光速與伸縮的時間

插圖所繪為愛因斯坦所空想的「以光速追趕光的話，會看到什麼樣的景象呢？」想像圖。光具有波（電磁波）的性質，假設「看起來是靜止」的話，將是非常奇妙的事。

註：本書提到「光的速度」、「光速」時，所指的是光在真空中的行進速度。光在水、玻璃等物質中的行進速度會變慢。

註：光在真空中的速度，正確來說為每秒29萬9792.458公里。

愛因斯坦
（1879 ～ 1955）

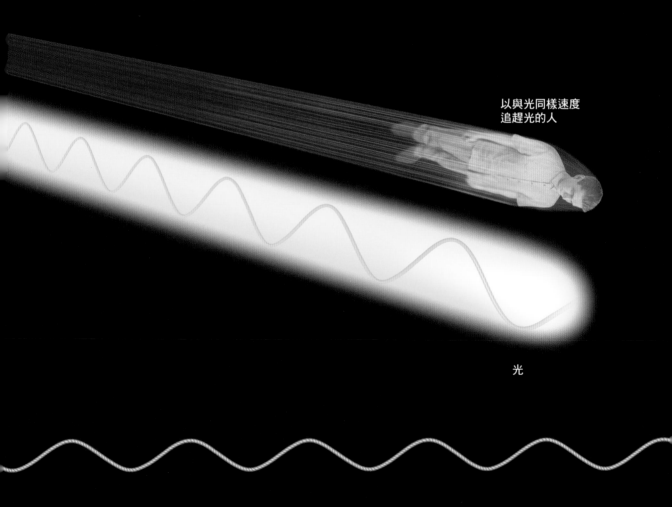

以與光同樣速度
追趕光的人

光

光的速度不會因觀察者的立場而變

光永遠保持以每秒約30萬公里的速度遠離

假設從靜立太空中的愛麗絲立場來看，光以每秒30萬公里的速度行進，太空船則以每秒24萬公里（光速的80%）的速度往與光相同的方向行進（不過，誠如第26頁中所說的，愛麗絲並非真正靜止之「運動的絕對性基準」）。

根據愛因斯坦的想法，太空船內的鮑伯所見到的光，還是以每秒30萬公里的速度遠離。神奇的是：鮑伯所見光的速度不是每秒6萬公里（＝每秒30萬公里－每秒24萬公里），而是維持每秒30萬公里行進。而應該行進的太空船簡直就像是靜止了一般。

像這樣與光速有關的問題，不能用簡單的加、減法來計算。就算是太空船想要以光速的90%、光速的99.999%的速度來追，從太空船看去，光皆維持每秒30萬公里的速度遠離。這就稱為「光速不變原理」（the principle of invariant light speed）。

不管以何種速度追逐光，光的速度永遠不變

光的速度，單純的速度加法和減法在此並不成立，不管太空船以什麼樣的速度去追，光的速度都維持不變，看到的都是每秒30萬公里。

光的速度的場合

每秒30萬公里（愛麗絲所看到的光的速度）

光

與光速相關時，速度的加法和減法皆不成立！

每秒30萬公里（光速）

每秒24萬公里（愛麗絲所看到的太空船速度）

每秒6萬公里（從太空船所看到的光的速度）

太空船內的鮑伯所看到的光

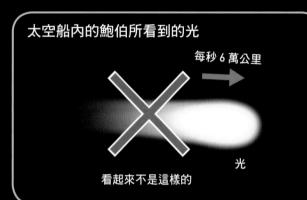

每秒6萬公里

光

看起來不是這樣的

太空船

靜立在太空中的愛麗絲

每秒24萬公里（愛麗絲所看到的太空船速度）

太空船內的鮑伯所看到的光

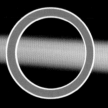

每秒30萬公里

不管以什麼樣的速度去追趕光，光的速度永遠保持每秒30萬公里不變

為什麼光的速度不變呢？

光速的值可經由計算自然求出

為什麼愛因斯坦會認為不管以什麼速度運動的人所見到的光速都是一樣的呢？他的立意就是馬克斯威爾（James Clerk Maxwell，1831～1879）的「電磁學」。

將導線捲在鐵芯上，通以「電流」之後就產生磁場（磁力線），變成「電磁鐵」。馬克斯威爾的電磁學就是統整電場與磁場之關聯性的物理學。

馬克斯威爾以電磁學為基礎，預言

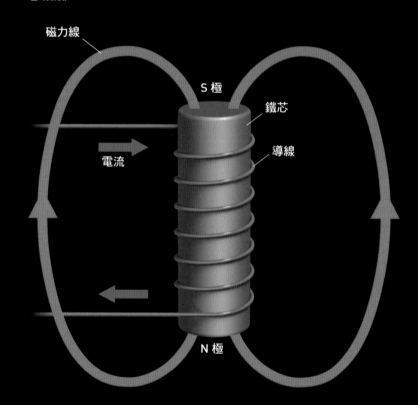

電磁鐵

磁力線

S 極

鐵芯

導線

電流

N 極

馬克斯威爾
（1831 ～ 1879）

磁波的一種。依據電磁學所做的計算，獲知電磁波的速度約為每秒30萬公里。

愛因斯坦認為「即使不考慮速度的基準，從電磁學的計算很自然就會出現光速的值，因此光速值應該與速度基準無關。換句話說，不管在任何基準之下（以任何速度運動之觀察者立場來看）應該都一樣」。

光速的值在電磁學中利用計算求出

電磁波的波動方程式（真空中的場合）

$$\frac{\partial^2 \vec{E}}{\partial t^2} = \frac{1}{\varepsilon_0 \mu_0}\left(\frac{\partial^2 \vec{E}}{\partial x^2} + \frac{\partial^2 \vec{E}}{\partial y^2} + \frac{\partial^2 \vec{E}}{\partial z^2}\right)$$

$$\frac{\partial^2 \vec{B}}{\partial t^2} = \frac{1}{\varepsilon_0 \mu_0}\left(\frac{\partial^2 \vec{B}}{\partial x^2} + \frac{\partial^2 \vec{B}}{\partial y^2} + \frac{\partial^2 \vec{B}}{\partial z^2}\right)$$

光速（電磁波的速度）

$$= \frac{1}{\sqrt{\varepsilon_0 \mu_0}}$$

$$= 秒速約30萬公里$$

註：$\vec{E}$ 為電場，$\vec{B}$ 為磁束密度（字母上方的箭頭表示具有大小和方向的量＜向量＞）。ε_0 是與電場相關的常數「真空的電容率」，μ_0 是與磁場相關的「真空的磁導率」。$\frac{\partial^2}{\partial t^2}$ 是「t 的二階偏微分」之計算之意（x、y、z 也一樣）。

左上算式稱為電磁波的波動方程式，它告訴我們電磁波是如何振盪、前進的。由於其中用到大學程度的數學，因此就不詳述該算式的詳細過程和意義。重要的是「基於電磁學所做的計算（從左上的波動方程式），可以得到光速（電磁波的行進速度）的值（右上）」這個事實。

有物體的速度能夠超越光速嗎？

靜質量為零的東西能以自然界的最高速度前進！

光速除「光速不變原理」外，還有一個非常重要的意義，這就是「光速是自然界的最高速度，絕對沒有任何物質可以超越光速」。

讓我們以第31頁的太空船來思考問題吧！太空船無論以何種速度來追趕光，光永遠保持以每秒30萬公里的速度遠離。這件事意味著想要超越光速是不可能的任務。

事實上，我們已經知道以自然界最高速度前進的東西，也就是「靜質量

光為「光子」這種粒子的集合

太陽

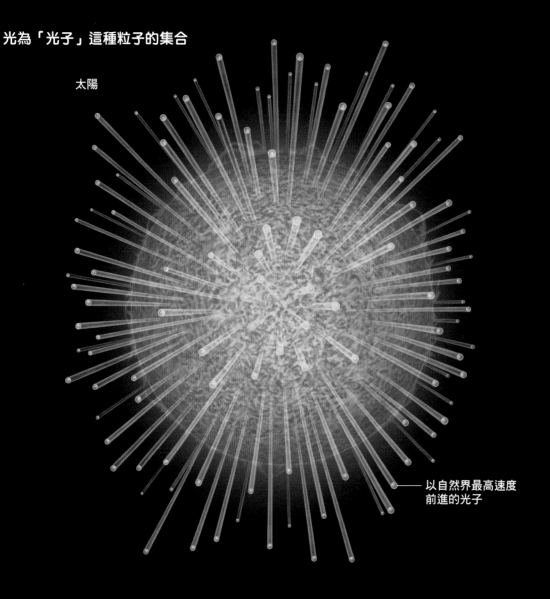

以自然界最高速度前進的光子

為零的東西」。光可以說是「光子」（photon）這種「能量團」的集合，而光子的靜質量為零。

科學家認為光並非唯一以自然界最高速度（光速）行進的東西，傳遞重力的「重力波」（gravitational wave）也是以自然界最高的速度前進。科學家認為重力波可以想像成是靜質量為零的「重力子」（graviton）聚集而成的。

重力波

在恆星爆炸等質量較大的天體發生大變動時，就會發生重力波。所謂重力波是空間的彎曲像在水面上擴散的波紋一般，變成波傳遞的現象。時空彎曲究竟代表什麼意義，在第54頁以後將有詳細說明。

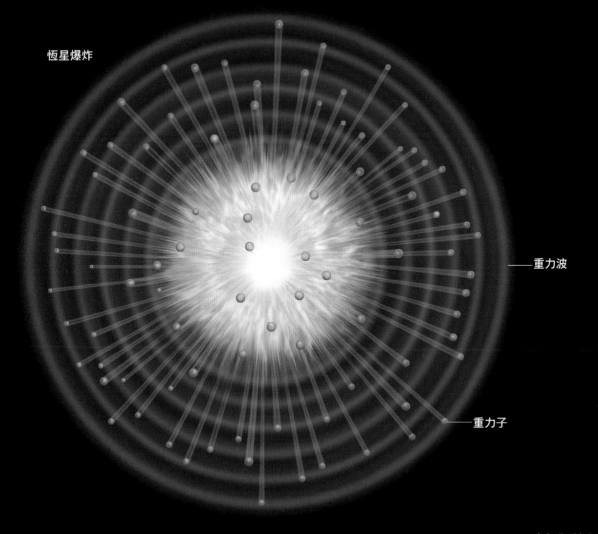

恆星爆炸

——重力波

——重力子

聲波的傳遞需要空氣，那麼光的傳遞呢？

聲音可以說是一種「空氣振動傳播出去的波」。空氣振動讓耳朵內部的鼓膜振動，於是我們就聽到聲音了。傳播波的物質稱為「介質」，聲音的介質可以說就是空氣。起風時，因為是空氣本身晃動，所以在空氣中傳播的聲速只有晃動的這一部分變快或變慢而已。

若追逐聲波的話，看起來是變慢的

讓我們以飛機為基準來思考聲波的速度。相對於空氣，聲音是以每秒約340公尺的速度行進，因此如果以飛行速度每秒200公尺的飛機為基準來思考的話，聲速就是每秒140公尺（＝每秒340公尺－每秒200公尺）。像這樣以觀測者為基準的聲速，會因為觀測者（此例為在飛機內部的人）的運動速度而變動。

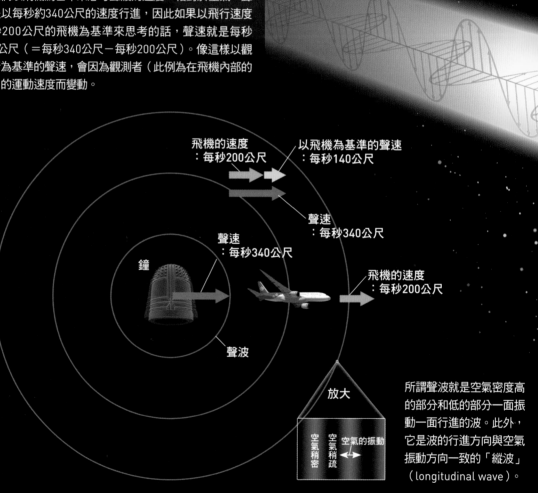

飛機的速度
：每秒200公尺

以飛機為基準的聲速
：每秒140公尺

聲速
：每秒340公尺

聲速
：每秒340公尺

鐘

飛機的速度
：每秒200公尺

聲波

放大

空氣稍密　空氣稍疏　空氣的振動

所謂聲波就是空氣密度高的部分和低的部分一面振動一面行進的波。此外，它是波的行進方向與空氣振動方向一致的「縱波」（longitudinal wave）。

那麼，光又如何呢？光是一種「電磁波」。行動電話的無線電波、紅外線、紫外線、X光檢查所用的X射線等全都是電磁波。所謂電磁波，簡單來說就是「電場與磁場交互作用，而在空中產生的行進波動」。

源自遙遠恆星的光經過幾乎沒有物質存在的宇宙空間（也就是真空）來到地球。聲波沒有空氣就無法傳播，所以在宇宙空間中無法傳遞聲音。這可以說是光和聲音的一大不同點吧！

光在真空中也能傳播意味著「光的傳播不需要介質」。

電場的方向與大小
（紅色箭頭）

在真空中行進的光

磁場的方向與大小
（藍色箭頭）

聲音無法在真空中傳播，但是光即使在真空中也能傳播

左為聲波的示意圖。聲波可以說就是空氣中密度高的部分（密部）和低的部分（疏部）相間排列，向外傳播的縱波（疏密波）。換句話說，在沒有空氣的真空中，聲波是無法傳播的。

右為在宇宙空間中行進的光（電磁波）的示意圖。因為光不需要介質，所以在真空中也能傳播。

為什麼可以用伸縮來形容呢？

若光速不變，那麼時間與空間就必須伸縮

事實上，只要確認「光速不變原理」為真，那麼自然就能理解相對論的「伸縮時空」。

假設光與以每秒24萬公里（光速的80％）的速度飛行的太空船在相同地點同時「起跑」了。從靜立在太空船外的愛麗絲立場來看，1 秒後，太空船行進了24萬公里，光行進了30萬公里，因此太空船與光的距離相差了 6 萬公里（＝30萬公里－24萬公里）。

但是如果承認光速不變原理為真的話，太空船內的鮑伯所看到的光速還

0"00

30萬公里

靜止的愛麗絲所看到光 1 秒所行進的距離

0"00

24萬公里

靜止的愛麗絲所看到太空船 1 秒所行進的距離

是每秒30萬公里。換句話說，從鮑伯的立場來看，1秒後，光會在30萬公里的前方。

上述情況只能認定鮑伯所見到的距離和時間與愛麗絲所見到的距離和時間不同。換言之，就愛麗絲立場所見到的情形與鮑伯立場所見到的情形來看，時間和空間會伸縮。因為光速不管在任何場合看起來都是每秒30萬公里，所以時間和空間會伸縮。

在以接近光速行進的太空船中的人和靜立在太空船外的人，其對時間和距離的見解大不相同

插圖所繪為從靜立在太空船外的愛麗絲立場看以每秒24萬公里行進的太空船與光（每秒30萬公里）「競走」的想像圖。從太空船外面來看的話，1秒後，光和太空船間的距離僅相距6萬公里，因此愛麗絲推測太空船內的鮑伯所見到的光速應該是每秒6萬公里。然而該推測違反光速不變原理。從鮑伯的立場來看，倘若光速仍為每秒30萬公里的話，那麼必須認為時間和空間會伸縮才行。

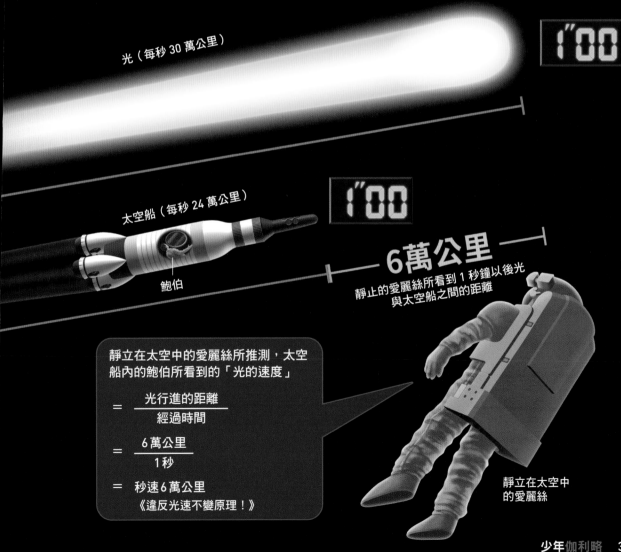

光（每秒 30 萬公里）

1"00

太空船（每秒 24 萬公里）

1"00

6萬公里

靜止的愛麗絲所看到的 1 秒鐘以後光與太空船之間的距離

鮑伯

靜立在太空中的愛麗絲所推測，太空船內的鮑伯所看到的「光的速度」

$$= \frac{光行進的距離}{經過時間}$$

$$= \frac{6萬公里}{1秒}$$

= 秒速 6 萬公里
《違反光速不變原理！》

靜立在太空中的愛麗絲

伸縮情形會因速度而異

愈接近光速，時間與空間縮短的程度愈大

在此，我們將看看時間和空間到底在什麼樣的情況下、有多少量的伸縮。

根據相對論，觀測者所見到的運動速度越快，運動中的時鐘會變慢，運動物體沿運動方向的長度會縮短。

想想假設是以光速之99%前進的超未來太空船的話，狀況會如何呢？當靜立在太空中的愛麗絲的馬表前進10秒時，就愛麗絲來看，鮑伯的馬表才前進1.4秒，太空船中的時間變慢了。此外，就愛麗絲來看，太空船的

時間的延遲和長度的縮短（太空船外愛麗絲所見的情形） ※太空船僅往行進方向縮短。

太空船的速度為光速之60%的場合

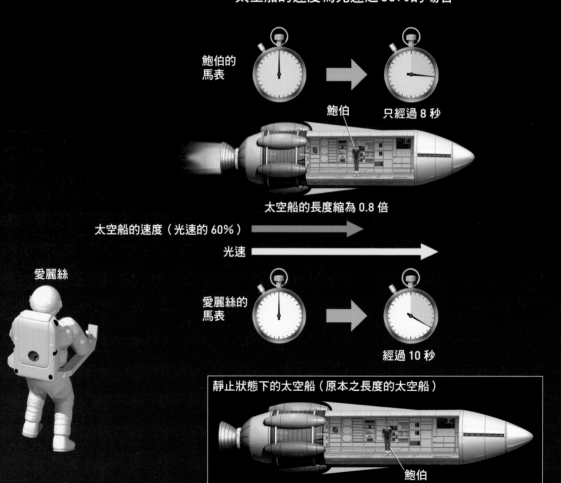

鮑伯的馬表

鮑伯

只經過 8 秒

太空船的長度縮為 0.8 倍

太空船的速度（光速的 60%）

光速

愛麗絲

愛麗絲的馬表

經過 10 秒

靜止狀態下的太空船（原本之長度的太空船）

鮑伯

長度也縮短成只有原來長度（靜止時的長度）的0.14倍。

實際上，能夠呈現肉眼看得出來的時間延遲和物體縮短，必須是跟光速相較，物體的運動速度無法忽視的快，也就是秒速數萬公里以上才有可能。時間的延遲和物體的縮短，在運動速度接近光速時，會急遽變大。

太空船的速度為光速之99%的場合

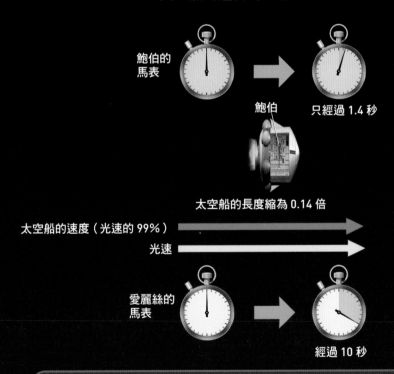

鮑伯的馬表

鮑伯

只經過 1.4 秒

太空船的長度縮為 0.14 倍

太空船的速度（光速的 99%）

光速

愛麗絲的馬表

經過 10 秒

再更詳細一點： **搭乘高鐵之人的手錶，會有多少程度的延遲？**

像我們日常生活所經驗這樣的速度，時間的延遲小到無法發覺。例如若是時速達200公里（秒速為0.056公里）的高鐵，與地面上靜立的人相較，時間的延遲每秒只有100兆分之 2 秒。此外，高鐵車廂的縮短也只有100兆分之 2 左右而已。

伸縮會因觀察者的立場而有所不同

從太空船中的人來看，移動的一方是太空船外的人

就第40～41頁的太空船，現在讓我們換以鮑伯的立場來看看吧！正如前面提過的，速度會因觀察者立場而變。就太空船中的鮑伯來看，移動的一方當然是太空船外的愛麗絲，靜止的是自己和太空船。因此就鮑伯來看的話，時間流和周遭物體的長度都完全沒變。

相反地，因為移動的是愛麗絲，所以就鮑伯來看的話，愛麗絲的馬表變慢，愛麗絲的身體看起來往橫向收縮。時間的延遲和長度的收縮因觀察者立場而異，換言之就是「相對的」。

時間的延遲與長度的縮短（ 從太空船中之鮑伯的立場來看 ） ※愛麗絲僅橫向縮短。

太空船的速度為光速之 99% 的場合

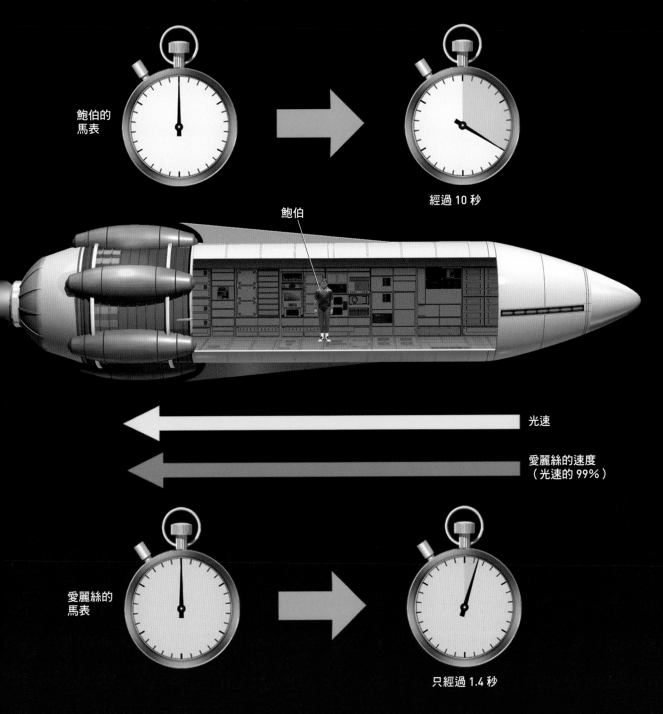

鮑伯的
馬表

經過 10 秒

鮑伯

光速

愛麗絲的速度
（光速的 99%）

愛麗絲的
馬表

只經過 1.4 秒

利用時間延遲從事太空旅行！

若速度接近光速，則時間幾乎是停止的

讓我們想想前往地球的「近鄰恆星」之一，已知擁有行星之「南門二B星」的太空旅行吧！這趟旅行究竟需以多快的速度、花多少的時間（太空船內的時間）才能到達呢？又，地球與南門二B星的實際距離約4.3光年（1光年為光速乘上1年所得到的距離），為了方便計算起見，在此設定為 4 光年。

讓我們想想以極端接近光速的情形吧！倘若以光速之99.999999%的速度行進，太空船內的時間進程大約是

南門二 B 星

地球的時間

2018
1月1日
00:00

地球

太空船的時間

2018
1月1日
00:00

從地球出發的太空船

「時間延遲」的公式

以速度 v 運動之太空船中的時間進程與靜止之人的時間相較，為

$$\sqrt{1-\left(\frac{v}{c}\right)^2} \text{ 倍}$$

（ c 為光速）。

各位不妨以實際數值代入即可明白。速度 v 和光速 c 相較非常微小，因此上面根號中的數值差不多是 1。換句話說，時間的延遲是我們可以忽略不計的小。平常我們之所以無法感受到時間的延遲，是因為日常生活中所經驗的速度跟光速比起來太微不足道的緣故。

從地球來看的0.00014倍。從地球來看，太空船抵達南門二B星大約是在4年後，但是以太空船內的時間來看的話，大約是在0.00056 年後（＝4×0.00014），換句話說，大約 5 小時即可到達。當速度接近光速時，時間幾乎是停止的。

如果能以更接近光速的速度行進的話，不管是在100萬光年的前方或是 1 億光年的前方，若以「太空船時間」，原理上都能在極短時間內到達。

若以接近光速行進的話，時間幾乎沒有推移

插圖為以光速之99.999999%的速度行進之太空船飛往距離地球約 4 光年的南門二B星的情形。當太空船抵達南門二B星時，地球上已經過 4 年，但是太空船內則僅經過約 5 小時。

光

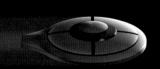

以光速之 99.999999%的速度行進的太空船（時間進程變慢）

地球的時間

 地球

2022
1月1日
00:00

經過 4 年

「空間收縮」的公式

對以速度 v 運動的太空船中的人而言，宇宙空間收縮為

$$\sqrt{1-\left(\frac{v}{c}\right)^2} 倍$$

（c 為光速）。

跟光速 c 相較，速度 v 極為微小，因此根號中的數值幾乎等於 1 這一點跟時間延遲的公式相同。平常我們無法感受到空間的收縮是因為日常生活中所經驗的速度跟光速比起來太微不足道的緣故。

太空船的時間

2018
1月1日
04:54

到達南門二B星的太空船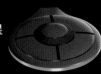

只大約經過5 個小時！

南門二B星

以接近光速的速度前進，景色看起來會成什麼樣呢？

空間本身朝行進方向收縮！

假設有一艘以接近光速之速度行進的太空船，想像一下從太空船中的人的立場會見到什麼景象？

從宇宙輻射而來的一種射線——渺子（muon）是跟同樣帶負電荷的「電子」非常相似的粒子，它以接近光速的速度行進。現在假設太空船與渺子，以接近光速的相同速度並行朝地球前進。若從太空船中的人來看的話，自己跟太空船都是靜止的，動的是地球這方。

於是，跟第40～41頁所見到「太空船收縮」相反的情況發生了，對與渺子並行的人（太空船中的人）而言，真正以接近光速移動的地球以及大氣層的厚度，更進一步地說，就是空間本身往行進方向收縮了。

但是若從地球上的人的立場來看，空間並沒有收縮。說到底，空間的收縮就是依據觀察者狀況（速度）而改變的「相對性」的東西。

若以接近光速的速度運動的話，地球往行進方向收縮

插圖所繪為以接近光速的速度朝地球靠近的太空船中的人所見到的景象。

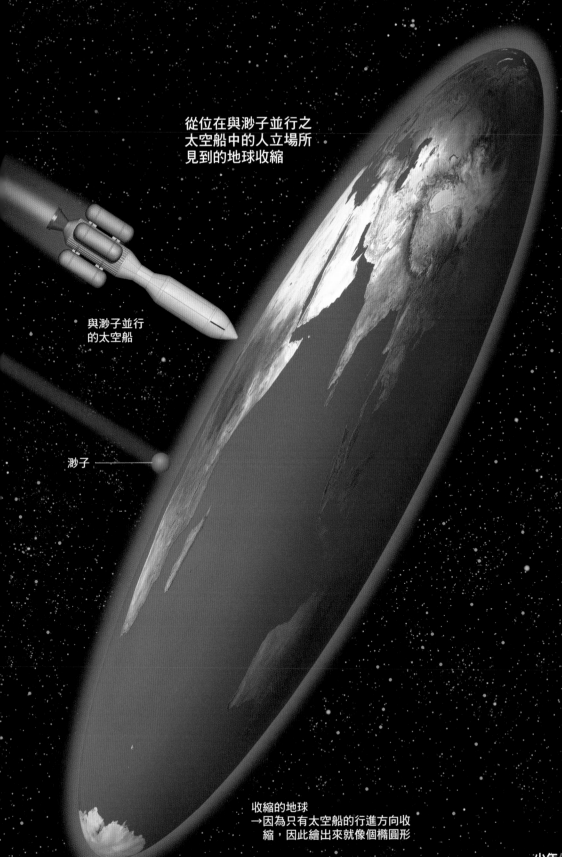

從位在與渺子並行之
太空船中的人立場所
見到的地球收縮

與渺子並行
的太空船

渺子

收縮的地球
→因為只有太空船的行進方向收
　縮，因此繪出來就像個橢圓形

少年伽利略　47

「同時」的常識改變了？

狹義相對論也推翻了「同時」的常識

太空船

太空船

到目前為止，已經介紹過狹義相對論所說明的時空伸縮，不過它所顛覆的常識不僅只於此，該理論連有關「同時」的常識也推翻了。

舉例來說，假設在以接近光速向右前進的太空船內中央有光源，在其左右等距離的位置有光偵測器，從太空船中央的光源同時往左右放出光。由於光速與方向無關，任何人來看都是一樣，所以如果是位在太空船內的鮑伯來看的話，左右的光應該同時到達左右偵測器。

但是，如果是位在太空船外的愛麗絲來看的話，情況又會是怎樣的呢？第50頁讓我們詳細來探討一下。

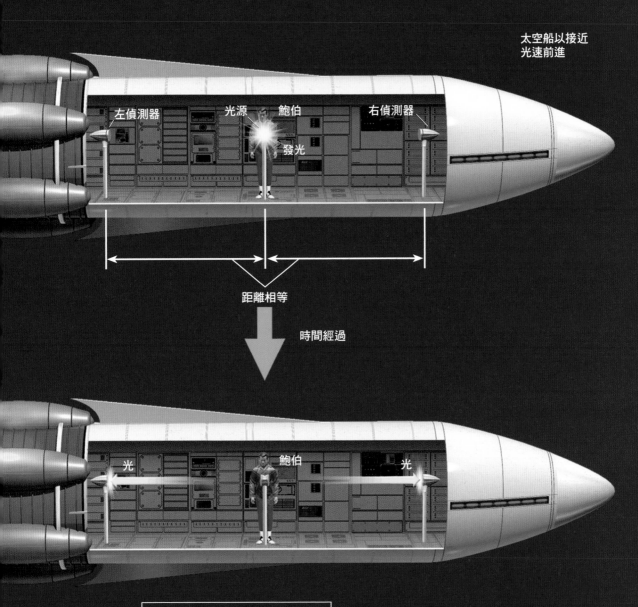

太空船以接近
光速前進

左偵測器　　　　光源　　鮑伯　　　　右偵測器

發光

距離相等

時間經過

光　　　　　　鮑伯　　　　　　光

光「同時」到達左右偵測器

何謂「同時」？

是否「同時」會因觀察者的立場而異

理解的關鍵是「光速不變原理」

利用光速不變原理來思考，那麼愛麗絲也是見到光以一定速度往左右前進。若從愛麗絲的立場來看的話，因為太空船朝右方前進，因此右偵測器好像要脫離光源似的前進，而左偵測器則好像要往光源靠近似的前進。結果，光先到達左偵測器，延後到達右偵測器。

換言之，太空船中鮑伯所見到同時到達的兩道光，從太空船外的愛麗絲來看，竟然不是同時。雖然結果不可思議，但是觀察者狀況（如運動速度）不一樣的時候，對於「是否同時」卻有不同的見解，此一特性稱為「同時的相對性」（relativity of simultaneity）。

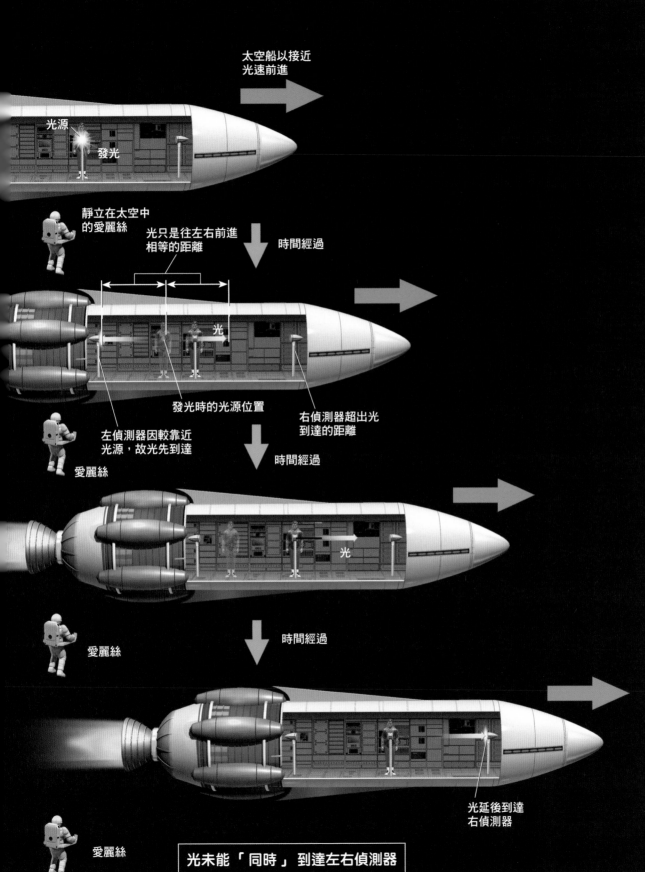

太空船以接近
光速前進

光源

發光

靜立在太空中
的愛麗絲

時間經過

光只是往左右前進
相等的距離

光

發光時的光源位置

右偵測器超出光
到達的距離

左偵測器因較靠近
光源，故光先到達

愛麗絲

時間經過

光

愛麗絲

時間經過

光延後到達
右偵測器

愛麗絲

光未能「同時」到達左右偵測器

遠處發生的事是發生於未來的事？

空間的距離與時間的距離會因觀察者的立場而「置換」

右 圖的橫軸對愛麗絲而言是空間軸，縱軸對愛麗絲而言是時間軸。空間軸也有對愛麗絲而言表示是同一時間（時刻 0～3）的線。

誠如第48～49頁中所見的，對太空船中的鮑伯而言，「光到達左偵測器」和「光到達右偵測器」是同時。換言之，連接這二件事，也就是時空圖中的斜線（水藍色虛線），就是對鮑伯而言為同一時間的線。

更進一步地說，發生於該斜線上的所有事件，對鮑伯而言是同一時間的事件。讓我們將對鮑伯而言的這個時刻當做「現在」來思考吧！位在該斜線右上之延長線上的事件（圖上的星號），對鮑伯而言是距離現在非常遙遠（空間上的距離）所發生的事。

但是對位在太空船外的愛麗絲而言，越往右上方走，時間是在未來（時間上的距離）發生的事件（為對愛麗絲而言的時間軸，更未來側＜上方＞的事件）。換言之，因為觀察者的立場，「遙遠」可以置換為「未來」。

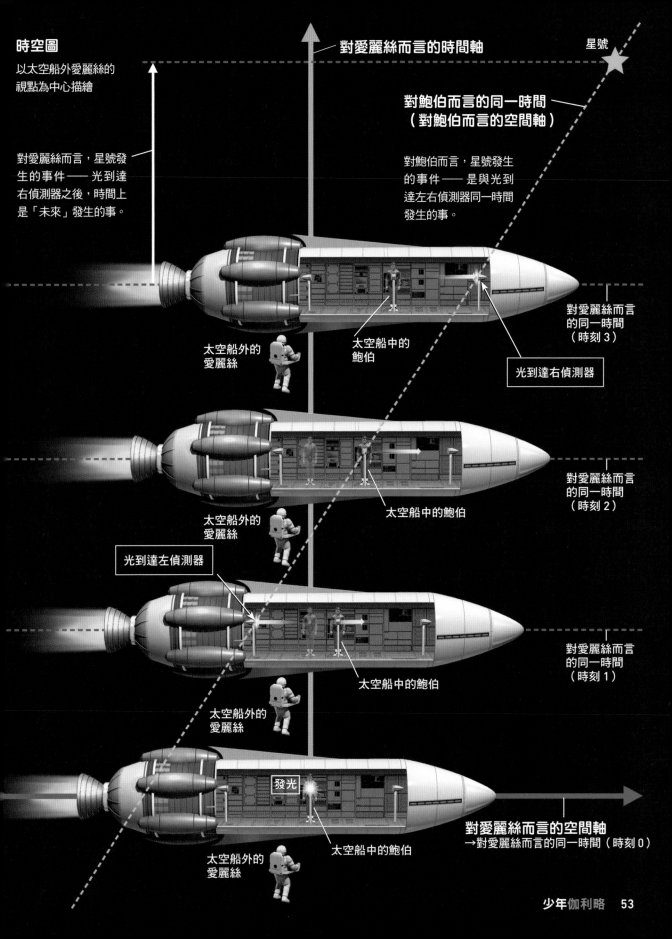

時空圖

以太空船外愛麗絲的視點為中心描繪

對愛麗絲而言的時間軸

星號

對鮑伯而言的同一時間
（對鮑伯而言的空間軸）

對愛麗絲而言，星號發生的事件——光到達右偵測器之後，時間上是「未來」發生的事。

對鮑伯而言，星號發生的事件——是與光到達左右偵測器同一時間發生的事。

太空船外的愛麗絲

太空船中的鮑伯

對愛麗絲而言的同一時間（時刻3）

光到達右偵測器

太空船外的愛麗絲

太空船中的鮑伯

對愛麗絲而言的同一時間（時刻2）

光到達左偵測器

太空船中的鮑伯

太空船外的愛麗絲

對愛麗絲而言的同一時間（時刻1）

發光

太空船中的鮑伯

對愛麗絲而言的空間軸
→對愛麗絲而言的同一時間（時刻0）

太空船外的愛麗絲

牛頓所認為的「萬有引力定律」是什麼?

「具質量的物體彼此因萬有引力而互相吸引」

在 1905年藉由狹義相對論闡明時空伸縮的愛因斯坦,在大約10年後的1915年到1916年完成時空與重力的理論「廣義相對論」(general theory of relativity)。

廣義相對論出現之前的重力理論是17世紀由牛頓所提倡的「萬有引力定律」。牛頓認為凡具有質量的物體,全部都會因為「萬有引力」(重力)而互相牽引。蘋果會掉落地面是地球的萬有引力牽引蘋果的緣故,但是牛頓並未說明為何會產生萬有引力。

此外,以前的人認為即使距離拉開了,萬有引力也會瞬間(傳遞速度無限大)發生作用。這點跟依據狹義相對論所說的:「沒有任何東西的前進速度會快過光速(自然界最高速

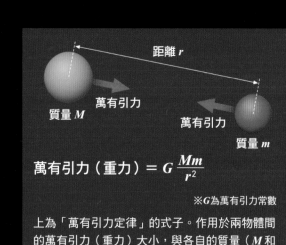

$$萬有引力(重力) = G\,\frac{Mm}{r^2}$$

※G為萬有引力常數

上為「萬有引力定律」的式子。作用於兩物體間的萬有引力(重力)大小,與各自的質量(M和m)成正比,與距離(r)的平方成反比。

距離 r

萬有引力

質量 M

萬有引力

質量 m

牛頓的萬有引力定律

牛頓認為只要具有質量的物體就會因為萬有引力（重力）而相互拉扯。同時也認為就算是分開，萬有引力也能瞬間（速度無限大）傳遞。

落下的蘋果

被萬有引力（重力）
拉往地球

地球也被蘋果的萬有引力
（重力）牽引，但因為地球
質量大，因此幾乎完全不受
影響。

地球

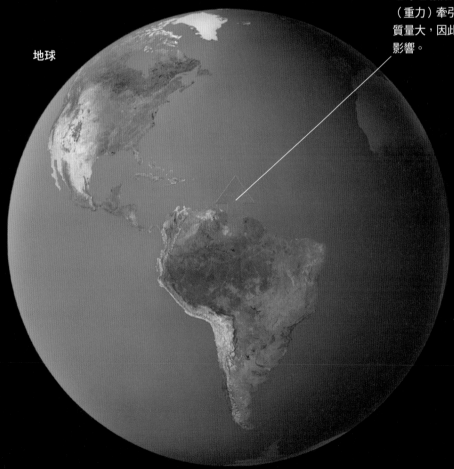

重力的本質是什麼？

「重力的本質就是時空的彎曲」

牛頓認為只要具有質量的物體就會因為萬有引力（重力）而相互吸引。另一方面，愛因斯坦卻認為具質量之物體周圍的時空會彎曲。愛因斯坦利用廣義相對論闡明重力的本質就是「時空的彎曲」。

就好像球受地面凹陷（彎曲）的影響而滾落一般，受到時空彎曲的影響，蘋果被拉向地球。根據廣義相對論的說法，物體的質量和密度越重、越大，它周圍時空的彎曲程度越大，而且越靠近物體處越顯著。

此外，愛因斯坦認為時空的彎曲以光速這種有限的速度來傳遞。時空的彎曲以波的形式向周圍傳遞的現象，就是重力波。

從第58頁開始，我們將詳細來看看「彎曲的時空」。

根據廣義相對論所描述的重力意象

愛因斯坦認為：「具有質量之物體周圍的時空是彎曲的，而受到該彎曲的影響，物體運動，這就是重力的本質」。此外，他也認為重力是以光速（自然界最高速度）這樣有限的速度傳遞。

註：因為3維空間的彎曲很難描繪，在此將3維空間3維簡化為2維平面（格子）來表現空間的彎曲。

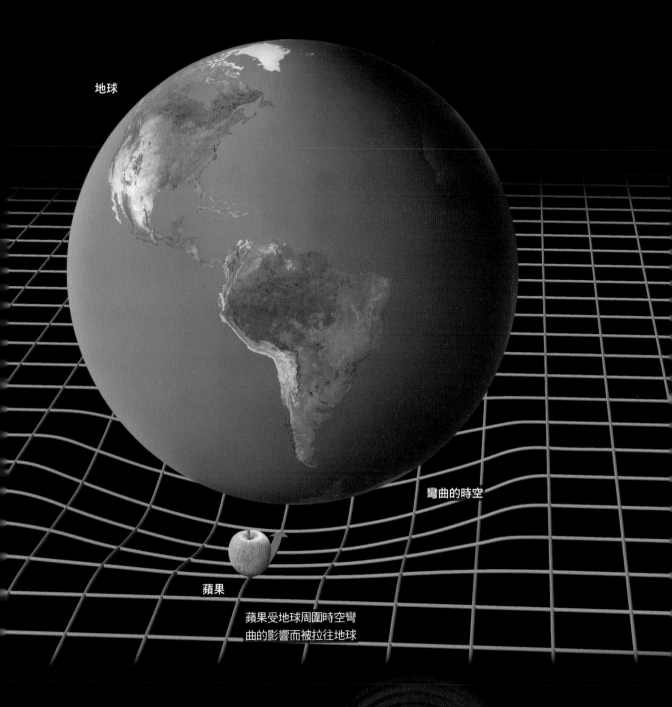

地球

彎曲的時空

蘋果

蘋果受地球周圍時空彎
曲的影響而被拉往地球

重力波是時空彎曲往周圍
傳遞的現象

天體爆炸或是大質量天體劇烈運動時，時空
彎曲就會以波的形式往周圍傳遞，這就是重
力波。它就跟往水面投擲小石子時會產生波
紋類似。

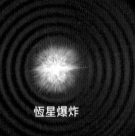

恆星爆炸

重力波往
周圍擴散

重力波

何謂「筆直」？
何謂「彎曲」？

直線為連接 2 點間的最短路徑

在彎曲的時空中，空間是彎曲的，時間的進程會因場所而異。為了理解彎曲時空的空間彎曲，必須先思考「筆直」（直線）和「彎曲」（曲線）究竟是什麼意思。

若說「直尺畫出來的線就是直線，以外的就是曲線」，這樣的答案是有問題的。請問，該如何保證直尺是筆直的呢？

正確地說，所謂筆直的線（直線）

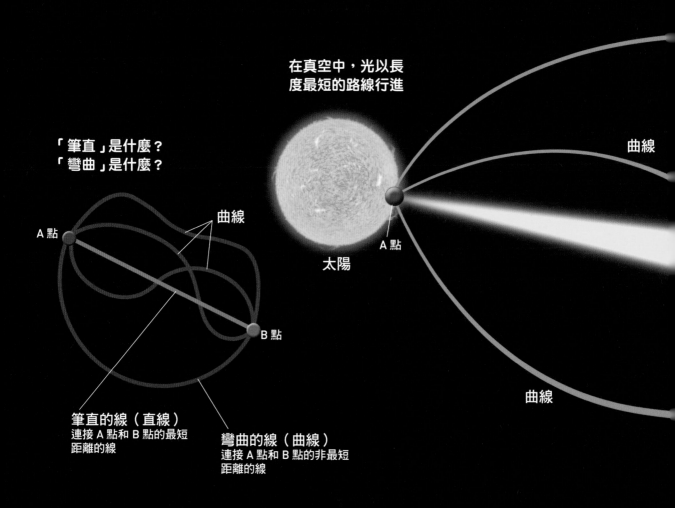

「筆直」是什麼？
「彎曲」是什麼？

A 點

曲線

B 點

筆直的線（直線）
連接 A 點和 B 點的最短
距離的線

彎曲的線（曲線）
連接 A 點和 B 點的非最短
距離的線

在真空中，光以長度最短的路線行進

太陽

A 點

曲線

曲線

是「連接 2 點的路徑中，長度最小的線」。相反地，「若不是連接 2 點的路徑中，長度最小的線」，就可說是彎曲的線（曲線）。

那麼，在自然界中是否有一直都成「2 點間長度最小的線」的東西呢？讓我們先說結論：這就是光（電磁波）在真空中的行進路線。光可以用來作為「直尺」。

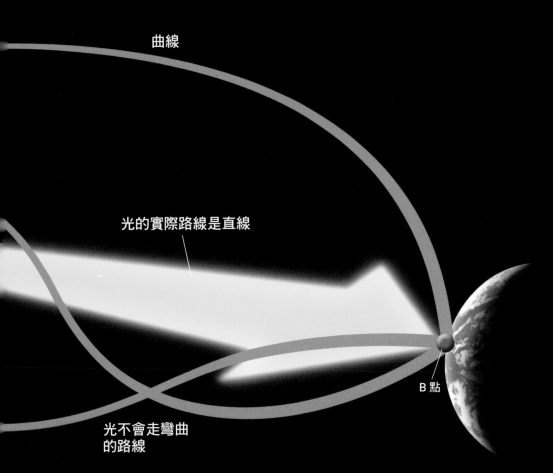

曲線

光的實際路線是直線

光不會走彎曲的路線

B 點

地球

光在水中為什麼會彎曲？

光以所需時間最短的路線行進

前 頁的內文中加上「在真空中」這樣的條件，是因為在空氣和水的交界面等之類位置，光的行進路線會彎曲，這樣的現象稱為「折射」（refraction）。

　　包括發生折射的情形在內，光具有「行進路線一定是所需時間最短的路線」的性質（費馬原理）[※1]（左圖）。連光被鏡子反射時，也都遵循費馬原理（右圖）。

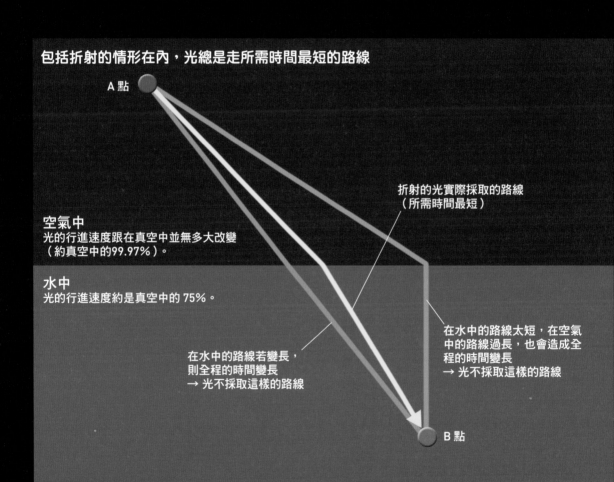

包括折射的情形在內，光總是走所需時間最短的路線

A 點

空氣中
光的行進速度跟在真空中並無多大改變（約真空中的99.97%）。

水中
光的行進速度約是真空中的 75%。

折射的光實際採取的路線
（所需時間最短）

在水中的路線若變長，
則全程的時間變長
→ 光不採取這樣的路線

在水中的路線太短，在空氣中的路線過長，也會造成全程的時間變長
→ 光不採取這樣的路線

B 點

思考一下光從空氣中的A點到水中的B點的路線。在水中，光的速度降低到大約只有真空中的75%。假設光是沿著連接A點和B點的直線前進的話（上圖最靠左的路線），在水中的路線變長，全程所費時間變長。相反地，如果在水中的路線過短的話（上圖最靠右側的路線），這回變成在空氣中的行經路線變長，全程所費時間也變長。實際上的光都不會採取這樣的路線，所需全程時間最短的路線中，一方面在水中的路線要短，另一方面在空氣中的路線也不能過長，這就是上圖中間這條路線了。而這也是實際上光一面折射一面前進的路線。

在真空中，因為光速一定，因此「所需時間最短的路線＝最短距離的路線」。也因此光一定是沿著「直線」前進[2]。這一點在理解彎曲的空間時非常重要，請務必牢記在心。

※1：由於是法國著名的數學家費馬（Pierre de Fermat，1601～1665）所提出，因此以他為名。

※2：費馬原理說：神奇的光竟然「知道」所需時間最短的路線。當我們認識到這點，就能夠統一地說明光的折射、反射、真空中的直線前進等性質了。

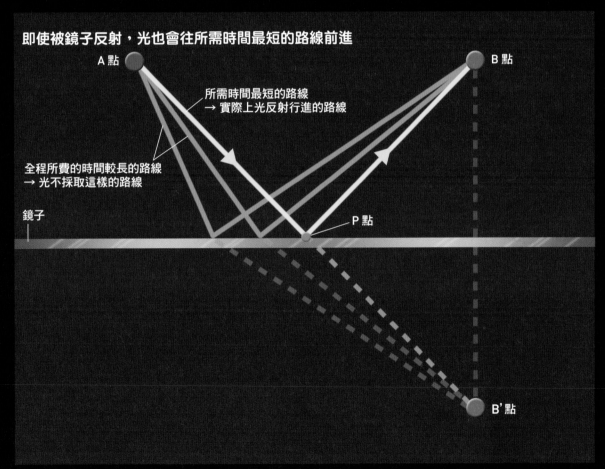

即使被鏡子反射，光也會往所需時間最短的路線前進

A 點

B 點

所需時間最短的路線
→ 實際上光反射行進的路線

全程所費的時間較長的路線
→ 光不採取這樣的路線

鏡子

P 點

B' 點

請思考一下從A點發出的光被鏡子反射來到B點的路線中，所需時間最短的路線是哪一條。面對鏡子，在B點的正對面位置取B'點（相對於鏡子的對稱點）。在沒有鏡子的情況下，A點與B'點的最短距離為如圖所示的直線（A→B'）。假設該直線與鏡子的交點為P點，則PB'＝PB。由此可知，鏡子反射，連接A點與B點的所需時間最短的路線為A→P→B這條路線。這也是實際上光被鏡子反射時所行經的路徑。

何謂在曲面上的「直線」?

在地球的球面上,經線和赤道都是直線

由於廣義相對論的核心部分——彎曲的空間(3維)很難意象化,因此首先讓我們先思考一下「彎曲的面」(以下簡稱為「曲面」;2維)。曲面的代表例就是像地球表面這樣的球面(球的表面,球的內部為3維空間,故不包括在內)。

不管在球面上畫出什麼樣的線,都不是我們「3維人」所謂的「直線」,一定是曲線。但是對黏在球面上的「球面人」而言,又是什麼情況呢?球面世界是沒有厚度的2維世界。

若想到直線的定義「球面上連接2點間最短距離的線」,那麼便可以說它是球面世界的「直線」。在球面上的「直線」,就是沿著通過球心截開球面時所形成之圓(大圓:周長最大的圓)的線。

若以地球表面來說的話,所有的經線都是大圓,因此可說是球面上的「直線」。而緯線基本上不是大圓,只有赤道(北緯、南緯0度的緯線)是大圓,因此可說是球面上的「直線」。

在球面的直線為「大圓」

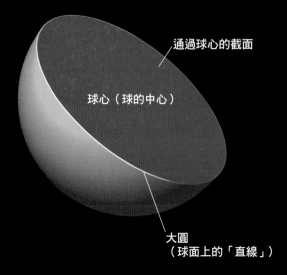

通過球心的截面

球心(球的中心)

大圓
(球面上的「直線」)

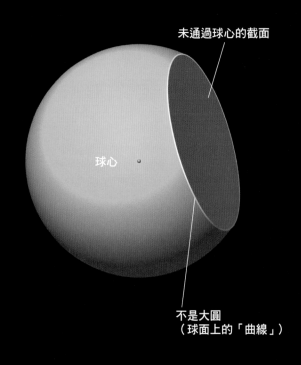

未通過球心的截面

球心

不是大圓
(球面上的「曲線」)

在此，請注意「不可通過球的內部」，
僅思考在厚度為零的球面上。

球面的世界

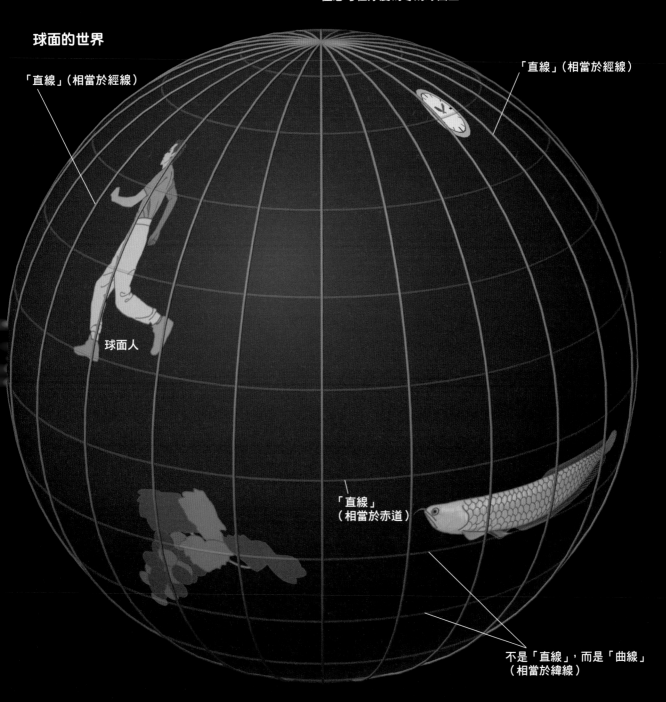

「直線」（相當於經線）

「直線」（相當於經線）

球面人

「直線」
（相當於赤道）

不是「直線」，而是「曲線」
（相當於緯線）

如何得知空間彎曲呢？

來自遠方恆星的光經過太陽旁邊時轉彎了！

據廣義相對論，我們所居住的 3 維空間也會在質量大的物體周圍發生彎曲。我們自己無法實際感受到 3 維空間的彎曲，但是可以藉由實驗和觀測，實際證明空間的彎曲。

如果空間沒有彎曲的話，恆星所發出的光會筆直到達地球。但是如果在恆星所發出之光的行進路線間插入太陽的話，因為太陽周圍的空間有些微的彎曲，所以沿著該彎曲，光的行進路線也會跟著彎曲。於是，因為我們判斷「光應該是筆直而來的」，所以

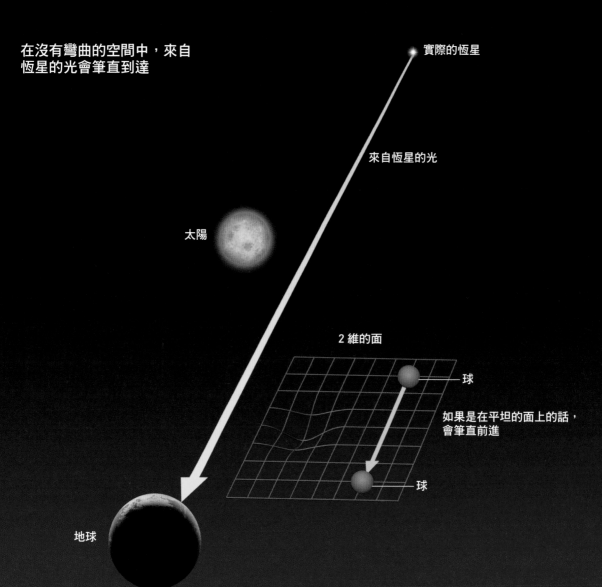

在沒有彎曲的空間中，來自恆星的光會筆直到達

實際的恆星

來自恆星的光

太陽

2 維的面

球

如果是在平坦的面上的話，會筆直前進

球

地球

天體的視位置有所偏差。

　　實際上，像這樣的天體視位置偏差，是1919年由英國愛丁頓（Arthur Stanley Eddington，1882～1944）所率領的觀測隊確認到，因此實際證明廣義相對論的正確性。而位置偏差的大小也跟廣義相對論所預測的一樣。

若在中途空間彎曲，則恆星的視位置就會偏差

由愛丁頓所率領的團隊遠征西非幾內亞灣的普林西比島（Principe），在「日全食」時進行觀測。由於太陽的光被月球遮蔽了，因此便能夠觀測到來自恆星的光。實際上觀測到的位置偏差非常微小，以角度而言約1～2角秒（秒為角度單位，為「度」的3600分之1）。

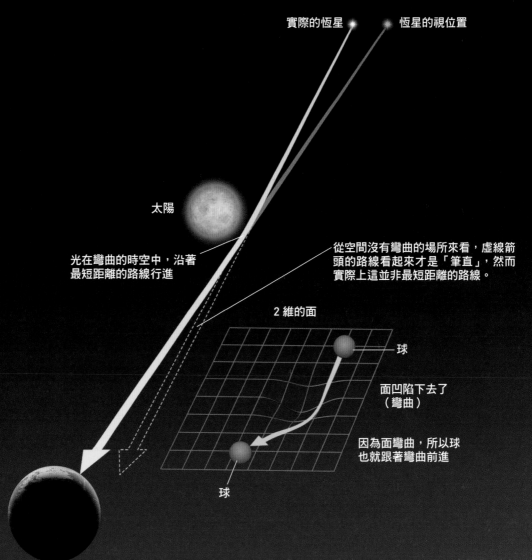

實際的恆星　　　恆星的視位置

太陽

光在彎曲的時空中，沿著最短距離的路線行進

從空間沒有彎曲的場所來看，虛線箭頭的路線看起來才是「筆直」，然而實際上這並非最短距離的路線。

2維的面

球

面凹陷下去了（彎曲）

因為面彎曲，所以球也就跟著彎曲前進

球

地球

「重力透鏡」使看到的天體出現扭曲？

天體附近空間彎曲，使光線看起來是彎曲的

在 大質量的天體附近空間彎曲，其結果讓光線看起來是彎曲的。其實例在第65頁中已介紹過，就是行經太陽附近的光線彎曲。

除了太陽附近的光線彎曲外，科學家也觀測到許多「重力透鏡」（gravitational lens）現象。所謂重力透鏡是原本只是一個天體，當其所發出的光在途中經過巨大重力源（重力場）附近時，光線會像通過透鏡般發生彎曲，看起來好像分裂成複數個像，或是亮度增強的現象。

眼鏡和相機所使用的一般鏡片，是製造鏡片的玻璃、塑膠等物質讓光產生彎曲。另一方面，重力透鏡效應則是天體周圍的空間本身彎曲，而具有像透鏡一般的效果。

星系團所造成的重力透鏡效應

哈伯太空望遠鏡在2000年所拍攝到的圖像。因為位在20億光年遠之「阿貝爾2218」（Abell 2218）星系團之重力透鏡效應的關係，位在更遠方的星系影像歪扭成圓弧狀。箭頭所指為因重力透鏡效應而歪扭的星系像。

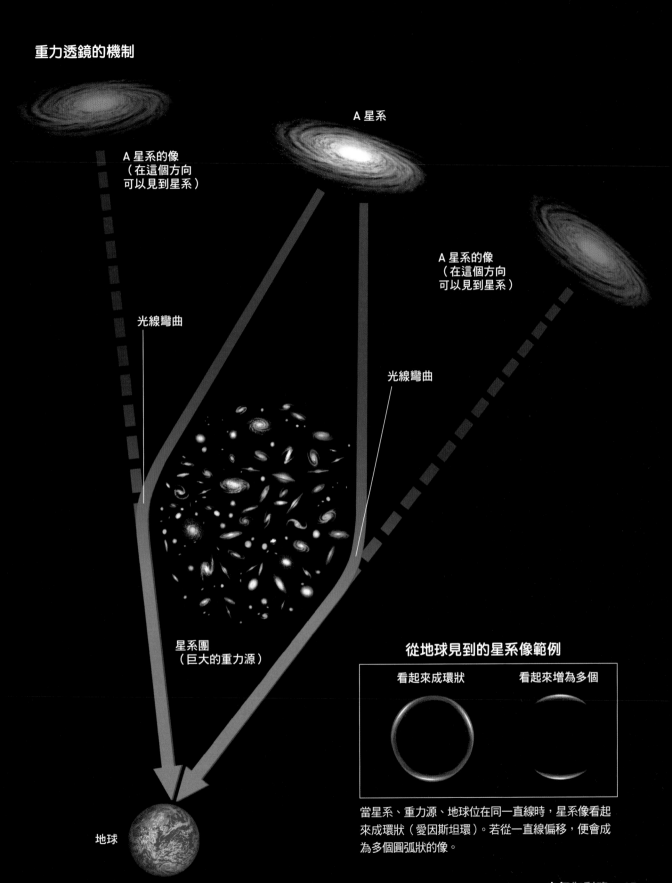

重力透鏡的機制

A 星系

A 星系的像
（在這個方向
可以見到星系）

A 星系的像
（在這個方向
可以見到星系）

光線彎曲

光線彎曲

星系團
（巨大的重力源）

地球

從地球見到的星系像範例

看起來成環狀　　　　看起來增為多個

當星系、重力源、地球位在同一直線時，星系像看起來成環狀（愛因斯坦環）。若從一直線偏移，便會成為多個圓弧狀的像。

重力強大，時間出現延遲！

光線彎曲也與時間延遲有關

在黑洞旁邊光會彎曲

插圖所繪為光行經重力非常強大的天體——黑洞（black hole）旁邊時發生彎曲的情形。在天體的旁邊（重力強大的區域），因為時間進程變慢的緣故，導致從遠方觀察，光的速度看起來變慢了。但是如果在光的旁邊觀察的話，就會知道光速仍然維持每秒29萬9792.458公里不變。

汽車在過彎之際，跟外側的輪胎相較，彎道內側的輪胎速度慢。同樣的，所謂光彎曲意味著「光的速度在靠近天體的這側（光帶內側）會變慢」（插圖）。難道這樣不會違反光速不變原理嗎？

速度可以利用「距離÷時間」計算出來。即使光在光帶內側行進的距離變短，但若是分母的時間也變小的話，光的速度便能保持一定，光速不變原理應該也能成立。在靠近天體這側（重力強的場所），並非光速真的變慢，而是時間進程變慢了。事實上，根據廣義相對論可以得知「重力越強的區域，時間進程變得越慢」。

像上述這種因場所而時間進程各異的情形，也有人以「時間彎曲」來表

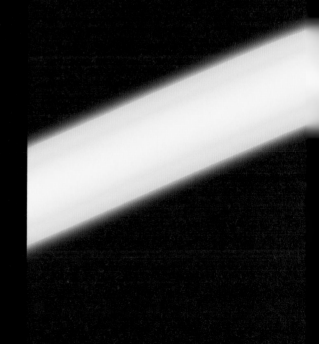

黑洞

每秒29萬9792.458公里

眼前的光速跟平常的光速一樣

距離天體較遠那側的
時間進程較快

$$光速 = \frac{光行進的距離}{經過時間}$$

距離天體較遠那側的光速較快？

距離天體較近這側的光速較慢？

眼前的光速跟平常的光速一樣

每秒29萬9792.458公里

距離天體較近這側的
時間進程較慢

註：嚴格來說，光在天體旁邊實際彎曲的程度，
一半是「引力時間延遲效應」，另外一半則
是「空間本身的彎曲效應」所造成。

在黑洞附近，時間會變得如何？

在黑洞的表面，時間完全停止

接下來，讓我們來看看在什麼的天體會產生多少的時間遲。

雖然地球的重力微弱，但仍然會時間發生延遲。比起天體旁似乎一所有的宇宙空間，我們是生活在進僅有些微緩慢的時間之中。

更為極端的就是「黑洞」。黑洞有超強重力，連光都會被它大幅曲，甚至吞噬，一旦被吸引到黑洞面（事件視界）的物質，就永遠不能逃脫出來了。

在讓光大幅彎曲的黑洞附近，時間流（進程）變得極端緩慢

插圖所示為在地球、太陽、中子星、黑洞的時間延遲。插圖的時鐘是以正午為基準，表現的情景為在地球上經過 6 個小時，在其他地點又是經過多少時間？

東京晴空塔尖端
時間進程只比地面上快約 100 兆分之 7 左右

東京晴空塔
（高度 634 公尺）

差不多是直線前進的光

在地球上，光的彎曲程度極微，時間的變化也非常微小。

在地球上
經過 6 個小時

太陽表面
時間進程只比地球上慢約 100 萬分之 2

太陽

在黑洞半徑（事件視界的半徑）大約1.3倍的地點，時間進程約是地球的 2 分之 1。換句話說，在地球上經過 2 年，在該地點只是經過 1 年而已。再者，在黑洞的表面，時間是停止的。不管在地球上經過多少年，在黑洞表面，時間連 1 秒都沒有動。

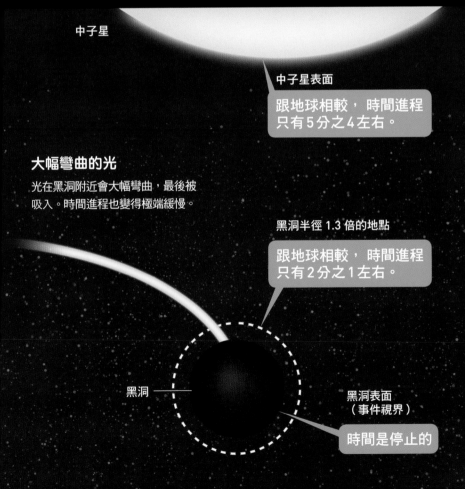

中子星

大幅彎曲的光

光在黑洞附近會大幅彎曲，最後被吸入。時間進程也變得極端緩慢。

黑洞

黑洞表面
（事件視界）

時間是停止的

中子星表面

跟地球相較，時間進程只有5分之4左右。

黑洞半徑 1.3 倍的地點

跟地球相較，時間進程只有2分之1左右。

在中子星的表面，時間經過 4 小時48分鐘。

在黑洞半徑1.3倍的地點，時間經過 3 小時。

在黑洞表面時間完全沒動

註：正確來說，應該是自遠方觀察，在黑洞的表面上，看起來所有的現象皆停止不動，完全沒有在進行。

黑洞的裡面是什麼？

中心存在著大小為零，密度無限大的點？

為了能夠實際感受彎曲時空的神奇性，在此為各位詳細介紹「黑洞的時空」。

前面介紹過，在大質量天體的附近，連光的行進方向都會彎曲。而且天體的質量越大，光的彎曲情形越嚴重。若是極端的超大質量天體的話，光不只是會彎曲，連光都會被它吞噬，無法脫逃。這樣的天體就是「黑洞」。

在此讓我們思考黑洞的形成過程，藉由計算，得到其中心是一個大小為零，密度無限大之「奇異點」（singularity）的結果。由於「密度＝質量÷體積」，當體積為零時，密度變得無限大。

奇異點也就是黑洞的「本體」，進入黑洞的光，全部都被吸到奇異點。奇異點是時空的「終點站」。

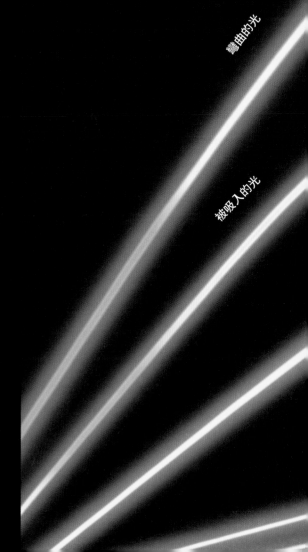

彎曲的光

被吸入的光

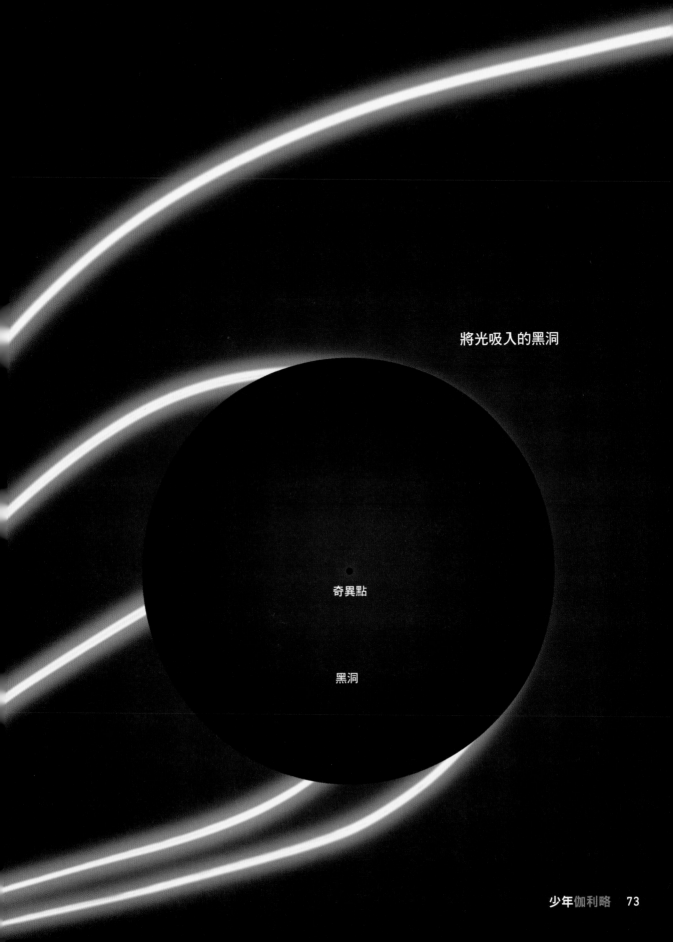

將光吸入的黑洞

奇異點

黑洞

在黑洞表面的太空船會變成什麼狀況？

太空船中的人感覺時間進程一直都一樣

現在讓我們來談談：從位在遠離黑洞之場所（空間未彎曲）的母船，觀測往黑洞掉落的太空船，究竟會看到什麼樣的情形呢？普通往天體掉落的物體，受到重力的影響，會逐漸加速。但是在黑洞附近，隨著逐漸靠近而時間流變慢，因此將會見到完全不同的光景。太空船的速度逐漸變慢，看起來完全靜止在黑洞的表面（事件視界）上。

另一方面，對乘坐在太空船中的人而言，時間進程（時間流）變慢時，太空船中的所有現象也同樣地變慢。因此，太空船中的人會感覺時間進程一直都一樣。

從太空船中的人來看，時間跟平常一樣地流動，太空船並沒有在事件視界上停留，而是通過了事件視界。但是就遠方的人來看，不管經過多少時間，都不會見到通過事件視界的太空船。這是不是很不可思議呢！？

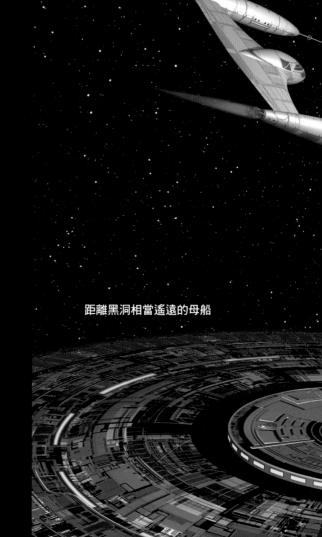

距離黑洞相當遙遠的母船

太空船看起來完全地「靜止」在黑洞表面（事件視界）

往黑洞掉落的太空船

從事件視界正表面發出的光無法向外前進

黑洞

黑洞表面（事件視界）

時間旅行是可能的嗎？

若能利用相對論所說的時間伸縮，「前往未來的時光旅行」原理上是可能的。

舉例來說，「以接近光速的速度運動然後再回來」或是「去到黑洞等超強重力的天體旁邊一段時間再回來」，若是利用這些方法的話，可以製造出「對旅行者而言只是經過極短

可能回到過去之時光旅行的具體範例

插圖所繪為根據廣義相對論推導出的，可能時光旅行回到過去（或者是回到出發時刻這類的旅行）的理論模型範例。

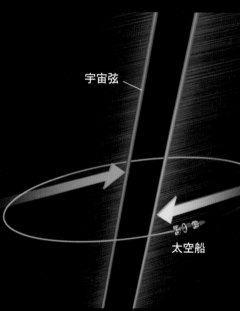

宇宙弦

太空船

以接近光速的速度彼此擦身而過的「宇宙弦」

1991年，美國的太空物理學家理查高特三世（John Richard Gott III，1947～）博士根據廣義相對論闡明當兩條無限長的「宇宙弦」以接近光速的速度擦身而過時，在經過其附近的路徑上繞行1圈，就能夠回到出發時點。

宇宙弦乃理論預言存在的物體，是寬度比原子核還要小的弦狀物體，質量估計每公分達1京（1兆的1萬倍）公噸。宇宙弦是否實際存在，目前仍不得而知。

旋轉的宇宙

1949年，數學家哥德爾（Kurt Gödel，1906～1978）博士根據廣義相對論揭露如果宇宙是在旋轉的話，在搭乘太空船經過漫長旅行之後，可以回到出發時點甚至較此為前的時代。然而事實上，宇宙好像並無旋轉的現象。

的時間，但是在地球上已經過漫長歲月」的狀況。但是實際上，目前行星探測器的速度大約只有每秒10～20公里，以接近光速（每秒30萬公里）的太空旅行無疑只是夢想。

那麼，回到過去的時光旅行又如何呢？其實，根據廣義相對論，在特殊的情況下，回到過去的時光旅行在原理上也是可能的。所謂特殊的情況就是可以連結分隔 2 地的時光隧道「蟲洞」（wormhole）確實存在等。但是，蟲洞僅是理論上預言存在的東西，目前並未找到確實存在於宇宙之中的證據。

連結在空間和時間上相隔 2 地的「蟲洞」

1988年，美國的物理學家索恩（Kip Stephen Thorne，1940～）博士根據廣義相對論揭露若利用「蟲洞」的話，回到過去的時光旅行是可能的。所謂蟲洞就是連結在空間上或是時間上相隔 2 點間的「時光隧道」。蟲洞擁有二個出入口（稱為「mouth」），太空船一進入其中一個出入口，立刻就會從另一個出入口出來。

但是，蟲洞目前僅是理論預測其存在而已，其是否確實存在仍然不得而知。

2100 年

蟲洞的出入口

太空船

2013 年

太空船

蟲洞的出入口

相對論的介紹在此告一段落，各位是否還覺得意猶未盡呢？

以愛因斯坦的疑問：「若以與光相同的速度追趕光，光看起來會是靜止的嗎？」為出發點，我們介紹了「光速不變原理」、「狹義相對論」以及「廣義相對論」。

根據狹義相對論的說法，時間與空間兩者合為一體一起伸縮。而根據廣義相對論的說法，時空會彎曲。

當我們知悉與時空相關的許多驚人理論之後，各位對時空以及「相對論」是否想要了解更多呢？別著急，在人人伽利略系列中，我們將會推出更詳細解說相對論的叢書，敬請期待。

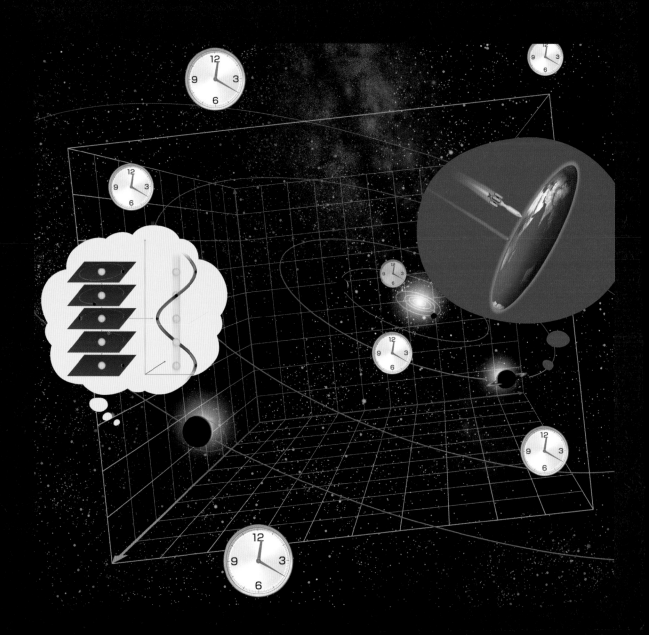

【 少年伽利略 11 】

相對論
從13歲開始學相對論

作者／日本Newton Press
執行副總編輯／賴貞秀
編輯顧問／吳家恆
翻譯／賴貞秀
編輯／林庭安
商標設計／吉松薛爾
發行人／周元白
出版者／人人出版股份有限公司
地址／231028 新北市新店區寶橋路235巷6弄6號7樓
電話／（02）2918-3366（代表號）
傳真／（02）2914-0000
網址／www.jjp.com.tw
郵政劃撥帳號／16402311 人人出版股份有限公司
製版印刷／長城製版印刷股份有限公司
電話／（02）2918-3366（代表號）
經銷商／聯合發行股份有限公司
電話／（02）2917-8022
第一版第一刷／2021年10月
定價／新台幣250元
　　　港幣83元

國家圖書館出版品預行編目（CIP）資料

相對論：從13歲開始學相對論
日本Newton Press作；
賴貞秀翻譯. -- 第一版. --
新北市：人人, 2021.10
面；公分. —（少年伽利略；11）
ISBN 978-986-461-262-8（平裝）
1.相對論 2.通俗作品

331.2　　　　　　　　110015338

NEWTON LIGHT 2.0 SOTAISEI RIRON
© 2019 by Newton Press Inc.
Chinese translation rights in complex
characters arranged with Newton Press through
Japan UNI Agency, Inc., Tokyo
Chinese translation copyright © 2021 by
Jen Jen Publishing Co., Ltd.
www.newtonpress.co.jp

Staff

Editorial Management	木村直之
Design Format	米倉英弘 + 川口 匠（細山田デザイン事務所）
Editorial Staff	中村真哉

Photograph

66	NASA, Andrew Fruchter and the ERO Team [Sylvia Baggett (STScI), Richard Hook (ST-ECF), Zoltan Levay (STScI)] (STScI)

Illustration

表紙	Newton Press
2-3	Newton Press
3	（ニュートン）小﨑哲太郎
4 〜 23	Newton Press
23	（アインシュタイン）黒田清桐
24 〜 29	Newton Press
29	（アインシュタイン）黒田清桐
30-31	Newton Press
32	（マクスウェル）黒田清桐
32-33	富﨑 NORI
34 〜 78	Newton Press